Wärmepumpen für Anfänger

BY Paul Meyer

DEDICATION

IM LICHT DER STERNE, DIE TRÄUMER LEITEN, UND DER UNENDLICHEN HORIZONTE, DIE ENTDECKER INSPIRIEREN, WIDME ICH DIESES BUCH IHNEN, DEM UNBEUGSAMEN UND NEUGIERIGEN GEIST, DER FREUDE UND INSPIRATION IN DEN SEITEN DES WISSENS FINDET. MÖGE JEDES WORT, DAS SIE LESEN, EIN WEITERER SCHRITT AUF IHRER REISE ZUM VERSTÄNDNIS SEIN, UND MÖGE JEDES KONZEPT, DAS SIE ENTDECKEN, SIE DER VERWIRKLICHUNG IHRER WILDESTEN TRÄUME NÄHER BRINGEN. MIT ZUNEIGUNG UND BEWUNDERUNG FÜR IHREN UNAUFHÖRLICHEN WUNSCH ZU WACHSEN UND ZU LERNEN, IST DIESER BAND EINE HOMMAGE AN IHRE EINZIGARTIGE UND WERTVOLLE REISE.

INHALT

EINLEITUNG

KONTEXTUALISIERUNG DER ROLLE VON WÄRMEPUMPEN

Wärmepumpen (KWK) nehmen eine zentrale Stellung bei der Energieeffizienz und dem Übergang zu nachhaltigeren Energiequellen ein. Das wachsende Umweltbewusstsein und die Notwendigkeit, die Treibhausgasemissionen zu reduzieren, haben dazu geführt, dass Wärmepumpen als Schlüssellösung für eine nachhaltigere Deckung des Heiz- und Kühlbedarfs von Gebäuden angesehen werden.

Die zunehmende Urbanisierung und der steigende Energiebedarf stellen den Energiesektor weltweit vor große Herausforderungen. Wärmepumpen entwickeln sich zu einer entscheidenden Technologie, die mehrere Herausforderungen bewältigen kann. Dank ihrer Vielseitigkeit bei der Nutzung von Umgebungswärmequellen wie Luft, Wasser oder Erdreich eignen sie sich für eine breite Palette von Anwendungen, sowohl im Wohn- als auch im Gewerbebereich.

Die Rolle der LCPs ist besonders wichtig für den Übergang zu einer kohlenstoffarmen Wirtschaft. Ihre Fähigkeit, Energie aus erneuerbaren Quellen zu gewinnen und Wärme oder Kälte mit geringeren Umweltauswirkungen als herkömmliche Systeme zu erzeugen, macht sie zu einem Schlüsselelement in Strategien zur Eindämmung des Klimawandels.

Aus technologischer Sicht entwickeln sich Wärmepumpen ständig weiter, mit erheblichen Fortschritten bei Design und Effizienz. Neue Lösungen und fortschrittliche Materialien tragen dazu bei, dass Wärmepumpen gegenüber anderen Heiz- und Kühltechnologien immer wettbewerbsfähiger werden.

Auf regulatorischer Ebene setzen viele Länder Anreize und politische Maßnahmen um, um die Einführung von Wärmepumpensystemen zu fördern und deren Rolle bei der Reduzierung von Emissionen und der Optimierung der Nutzung von Energieressourcen anzuerkennen.

Zusammenfassend lässt sich sagen, dass die Rolle von Wärmepumpen über die reine Bereitstellung von Wärme oder Kälte hinausgeht. Sie sind eine wichtige Antwort auf die energie- und umweltpolitischen Herausforderungen unserer Zeit und weisen den Weg in eine nachhaltigere und energieeffizientere Zukunft. Um diese Rolle zu verstehen, muss man die ökologische, wirtschaftliche und regulatorische Dynamik, die die Einführung dieser Spitzentechnologien vorantreibt, genau kennen.

Aktuelle und zukünftige Szenarien in der Branche der erneuerbaren Energien

Aktuelle Ereignisse in der Branche der erneuerbaren Energien:

Die Branche der erneuerbaren Energien befindet sich derzeit in einer Phase des schnellen Wachstums und der Transformation. Dies wird durch mehrere Faktoren begünstigt, darunter das wachsende Umweltbewusstsein, die Ziele zur Reduzierung der Treibhausgasemissionen und die Weiterentwicklung der Technologien für erneuerbare Energien.

1. Wachsende Akzeptanz von erneuerbaren Energiequellen:
   - Immer mehr Länder setzen auf erneuerbare Energiequellen als Grundpfeiler ihrer Energiestrategien.
   - Vor allem die Solar- und Windkrafttechnologien erleben eine erhebliche Expansion, unterstützt durch staatliche Anreize und technologische Verbesserungen.

2. Wirtschaftliche Wettbewerbsfähigkeit:
   - Anlagen für erneuerbare Energien werden wirtschaftlich immer wettbewerbsfähiger gegenüber konventionellen Energiequellen und treiben den Übergang zu einem nachhaltigeren Energiemix voran.

3. Technologische Innovationen:
   - Die Branche erlebt kontinuierliche Innovationen in der Technologie, mit der Entwicklung von effizienteren und zuverlässigeren Lösungen.
   - Die Digitalisierung und die Integration fortschrittlicher Systeme optimieren die Erzeugung, Verteilung und Verwaltung erneuerbarer Energien.

Die Zukunft der Industrie für erneuerbare Energien:

Mit Blick auf die Zukunft dürfte die Branche der erneuerbaren Energien einer der treibenden Sektoren der Weltwirtschaft sein und einen wichtigen Beitrag zum Übergang zu einer kohlenstoffarmen Gesellschaft leisten.

1. Wachstum der verschiedenen Quellen:
   - Es wird erwartet, dass neue Technologien und erneuerbare Quellen wie Gezeitenenergie und grüner Wasserstoff die Diversifizierung des Energiemixes vorantreiben werden.

2. Verteilte Energie-Architektur:
   - Die weit verbreitete Einführung von dezentralen Energieerzeugungssystemen, einschließlich Photovoltaikanlagen für Privathaushalte und dezentraler Speicherlösungen, wird die Energielandschaft verändern und für mehr Widerstandsfähigkeit und Autonomie sorgen.

3. Digitalisierung und intelligente Netze:
   - Die Digitalisierung der Energieinfrastrukturen und die Einführung intelligenter Netze werden die

Effizienz und das dynamische Energiemanagement verbessern und eine stärkere Integration intermittierender Quellen ermöglichen.

4. Die zentrale Rolle der Elektrifizierung:
- Die Elektrifizierung von Sektoren wie Verkehr und Industrie wird der Schlüssel zu einer weiteren Reduzierung der Kohlenstoffemissionen sein, indem die Nutzung von Strom aus erneuerbaren Quellen gefördert wird.

5. Kontinuierliche Investitionen und Innovationen:
- Es wird erwartet, dass die Investitionen in diesem Sektor aufgrund des wachsenden Umweltbewusstseins und der Nachfrage nach nachhaltigen Lösungen erheblich steigen werden.
- Die Industrie wird durch kontinuierliche Fortschritte bei Batterie-, Energiespeicher- und Produktionstechnologien angetrieben.

Zusammenfassend lässt sich sagen, dass die aktuellen und zukünftigen Szenarien in der Branche der erneuerbaren Energien einen beschleunigten Übergang zu einem nachhaltigeren und dezentraleren Energiesystem widerspiegeln. Die Kombination aus weit verbreiteter Akzeptanz, technologischen Innovationen und langfristigem Engagement prägt eine Zukunft, in der erneuerbare Energien eine vorherrschende Rolle bei der Bereitstellung sauberer und erschwinglicher Energie weltweit spielen werden.

KAPITEL 2

WÄRMEPUMPEN (HP) TECHNOLOGIE

Thermodynamische Grundlagen von Wärmepumpen

Die thermodynamischen Grundlagen von Wärmepumpen basieren auf den physikalischen Prinzipien der Wärmeübertragung und der Effizienz thermodynamischer Kreisläufe.
Das Verständnis dieser Grundlagen ist wichtig, um den Betrieb und die Effizienz einer Wärmepumpe zu verstehen. Schauen wir uns die wichtigsten Konzepte an:

1. Erster Hauptsatz der Thermodynamik:
- Das erste Prinzip besagt, dass Energie weder geschaffen noch zerstört werden kann, sondern nur ihre Form ändern kann.
- Im Zusammenhang mit Wärmepumpen bedeutet dieses Prinzip, dass thermische Energie von einer Quelle mit niedriger Temperatur auf eine Quelle mit höherer Temperatur unter Einsatz externer Arbeit übertragen werden kann.

2. Carnot-Zyklus:
- Der Carnot-Zyklus ist ein reversibler thermodynamischer Zyklus, der das theoretische Maximum an Effizienz für eine Maschine darstellt, die zwischen zwei Wärmequellen arbeitet.
- Bei einer Wärmepumpe versucht man, dem Carnot-Wirkungsgrad so nahe wie möglich zu kommen, um die Wärmeübertragung zu maximieren.

3. Zweiter Hauptsatz der Thermodynamik:
- Das Zweite Prinzip besagt, dass bei einem spontanen Prozess die Entropie eines isolierten Systems zunimmt.
- Übertragen auf Wärmepumpen bedeutet dies, dass externe Arbeit erforderlich ist, um die Wärme von der kalten auf die heiße Quelle zu übertragen, und dass ein thermodynamischer Zyklus mit 100 Prozent Effizienz nicht möglich ist.

4. Thermodynamischer Kreislauf einer Wärmepumpe:
- Wärmepumpen arbeiten nach einem thermodynamischen Zyklus mit vier Hauptphasen:

Kompression, Kondensation, Expansion und Verdampfung.

- Bei der Verdichtung wird das Kältemittel komprimiert, indem sein Druck und seine Temperatur erhöht werden.
- Im Kondensator gibt das Kältemittel Wärme an die heiße Quelle ab und wechselt dabei von einem gasförmigen in einen flüssigen Zustand.
- Die Expansion erfolgt durch ein Expansionsventil, das den Druck des Kältemittels reduziert.
- Im Verdampfer nimmt das Kältemittel Wärme aus der Kältequelle auf und geht dabei von einem flüssigen in einen gasförmigen Zustand über.

5. Koeffizient der Leistung (COP):
- Der COP ist ein Schlüsselindikator für die Effizienz einer Wärmepumpe und gibt das Verhältnis von übertragener Wärme zu zugeführter externer Arbeit an.
- Ein hoher COP weist auf eine höhere Effizienz der Wärmeübertragung hin.

6. Die Rolle des Kältemittels:
- Das Kältemittel ist eine chemische Substanz, die im Wärmepumpenzyklus die Phasen der Kompression, Kondensation, Expansion und Verdampfung durchläuft.
- Die Wahl des Kältemittels ist entscheidend, um die Effizienz zu optimieren und die Umweltbelastung zu minimieren.

Das Verständnis dieser thermodynamischen Grundlagen bietet eine solide Basis für die Gestaltung, Optimierung und Leistungsbewertung von Wärmepumpen. Das Wissen um diese Konzepte ermöglicht es Ingenieuren und Konstrukteuren, effizientere und umweltfreundlichere Systeme zu entwickeln.

ARTEN VON WÄRMEPUMPEN UND SPEZIFISCHE ANWENDUNGEN

Wärmepumpen spielen mit ihrer Vielseitigkeit und Energieeffizienz eine Schlüsselrolle im modernen Wärmemanagement. Sie bieten eine innovative Lösung für Heizung, Kühlung und Warmwasserbereitung und tragen so zum Übergang zu einer nachhaltigeren Energieversorgung bei. Lassen Sie uns kurz einige der gebräuchlichsten Wärmepumpentypen und ihre spezifischen Anwendungen erkunden, die jeweils für bestimmte thermische Anforderungen konzipiert sind

1. Luft-Wärmepumpen (ASHP):

Funktionsprinzip: Diese Wärmepumpen entziehen der Außenluft mithilfe eines thermodynamischen Zyklus Wärme. Ein Kältemittel wird abwechselnd komprimiert und freigesetzt, um Wärme aus einer Quelle mit niedriger Temperatur aufzunehmen und an eine Quelle mit höherer Temperatur abzugeben.

Spezifische Anwendungen:

- Heizung für Privathaushalte: ASHPs werden häufig in Privathaushalten zum Heizen in den kälteren Monaten verwendet.

- Kühlung: Sie können auch zur Kühlung in den wärmeren Monaten verwendet werden.

Vorteile:

- Einfachste Installation.

- Geeignet für gemäßigte Klimazonen.

Überlegungen:

Die Effizienz kann in sehr kalten Klimazonen abnehmen.

2. Wasserquellen-Wärmepumpen (WSHP):

Funktionsprinzip: Diese Wärmepumpen verwenden Wasser als Medium für die Wärmeübertragung. Das Wasser, das aus einer externen Quelle stammt, durchläuft einen Zyklus aus Komprimierung und Freisetzung des Kältemittels.

Spezifische Anwendungen:

- *Heizung und Kühlung großer Gebäude:* Sehr gut geeignet für kommerzielle und institutionelle Gebäude.

- *Geothermische Systeme:* Sie können Wasserreservoirs oder natürliche Quellen wie Flüsse oder Seen nutzen.

Vorteile:

- Hohe Effizienz.

- Geeignet für große Gebäude.

Überlegungen:

Sie benötigen Zugang zu einer Wasserquelle.

3. Geothermische Wärmepumpen:

Funktionsprinzip: Diese Wärmepumpen nutzen die im Erdreich gespeicherte Wärme durch die Installation von geothermischen Kreisläufen, die geschlossen oder offen sein können, um Wärme zu übertragen.

Spezifische Anwendungen:

- Heizen und Kühlen im Wohnbereich: Ideal für Häuser mit begrenztem Platz im Freien.

- Große Gebäude: Sehr effektiv in Geschäfts- und Industriegebäuden.

Vorteile:

- Hohe Effizienz.

- Geringere Umweltbelastung.

Überlegungen:

Erfordert die Installation eines geothermischen Austauschsystems im Boden.

4. Absorptionswärmepumpen:

Funktionsprinzip: Diese Wärmepumpen nutzen das Prinzip der Absorption eines Kältemittels durch eine Chemikalie, gefolgt von der anschließenden Abgabe von Wärme durch Verdünnung.

Spezifische Anwendungen:

- *Große Installationen:* Häufig in industriellen oder kommerziellen Kontexten eingesetzt.

- *Solarunterstützte Heizung:* Kann die Solarheizung ergänzen.

Vorteile:

- Geeignet für große Anwendungen.

- Potenzial für die Nutzung von Niedrigtemperatur-Wärmequellen.

Überlegungen:

Höhere Komplexität und Wartung als bei herkömmlichen PdC.

5. Direktverdampfungs-Wärmepumpen (DX):

Funktionsprinzip: Diese Wärmepumpen nutzen das Kältemittel direkt für die Wärmeübertragung, ohne ein zwischengeschaltetes Wassersystem zu verwenden.

Spezifische Anwendungen:

Klimaanlage: Üblich in privaten und gewerblichen HVAC-Systemen.

Vorteile:

- Unmittelbare Effizienz.

- Geeignet für kleine und mittlere Systeme.

Überlegungen:

Sie müssen möglicherweise auf das Feuchtigkeitsmanagement achten.

6. Gas-Absorptionswärmepumpen:

Funktionsprinzip: Sie verwenden ein Absorptionsverfahren, bei dem ein gasförmiges Kältemittel und eine Absorptionslösung zum Einsatz kommen.

Spezifische Anwendungen:

- Industrie*:* Häufig in industriellen Prozessen, die hohe Prozesstemperaturen erfordern.

- Klimatisierung*:* Sie können zum Heizen in Wohn- und Geschäftsgebäuden verwendet werden.

Vorteile:

- Hohe erreichbare Temperaturen.

- Möglichkeit der Nutzung von Niedertemperatur-Wärmequellen.

Überlegungen:

Sie benötigen eine zusätzliche Wärmequelle, die oft mit Erdgas gespeist wird.

7. Wirtschaftliche Injektions-Kompressions-Wärmepumpen:

Funktionsprinzip: Sie führen eine Dampfeinspritzphase in den Kompressor ein, um die Effizienz zu verbessern.

Spezifische Anwendungen:

- Industrie: Einsatz in industriellen Anwendungen mit hohem Wärmebedarf.

Vorteile:

- Höhere Effizienz als herkömmliche Wärmepumpen.

- Geeignet für industrielle Anwendungen bei hohen Temperaturen.

Überlegungen:

Sie erfordern ein komplexeres Design.

8. Elektrische Wärmekompressor-Wärmepumpen:

Funktionsprinzip: Sie verwenden einen thermodynamischen Dampfkompressionszyklus.

Spezifische Anwendungen:

- *Heizung für Privathaushalte und Gewerbe:* Häufig in Klimaanlagen.

Vorteile:

- Einfache Bedienung und Steuerung.

- Geeignet für kleine und mittlere Heiz- und Kühlsysteme.

Überlegungen:

Die Effizienz kann durch die Außentemperatur beeinflusst werden.

9. Adiabatische Wärmepumpen:

Funktionsprinzip: Sie nutzen adiabatische Prozesse, um die Luft zu kühlen, bevor sie in den Kompressor eintritt.

Spezifische Anwendungen:

- *Industrielle Kühlung:* Geeignet für Anwendungen, bei denen große Mengen an Luft gekühlt werden müssen.

Vorteile:

- Hohe Kühleffizienz.

- Geringerer Energieverbrauch im Vergleich zu einigen Alternativen.

Überlegungen:

Sie erfordern ein angemessenes Wassermanagement.

Die Wahl der richtigen Wärmepumpe hängt von den spezifischen Anforderungen der Anwendung und den Umgebungsbedingungen ab. Jede Art von Wärmepumpe hat Vorteile und Einschränkungen, und die Wahl hängt von der erforderlichen Temperatur, der Verfügbarkeit von Ressourcen und den Anforderungen an Effizienz und Wirtschaftlichkeit ab

LEISTUNGSKOEFFIZIENT (COP) UND SEINE MULTIPLIKATIONEN

Die Leistungszahl (Coefficient of Performance, COP) ist ein Schlüsselbegriff in der Welt der Wärmepumpen. Sie ist ein entscheidender Indikator für die Effizienz solcher thermischen Systeme. Seine Definition ist untrennbar mit der Fähigkeit verbunden, Wärme im Verhältnis zur verbrauchten elektrischen Energie zu übertragen.

Definition und Formel: Der COP wird berechnet, indem die von der Wärmepumpe abgegebene Wärme durch die verbrauchte elektrische Energie geteilt wird. Diese Grundformel, dargestellt durch:

COP= <u>GELIEFERTE WÄRME</u> : <u>VERBRAUCHTE ELEKTRIZITÄT</u>

 verkörpert das direkte Maß dafür, wie effizient das System bei der Erzeugung der gewünschten Wärme oder Kälte ist.

Interpretation der Energieeffizienz: Ein hoher COP-Wert weist auf ein effizientes System hin, das im Verhältnis zur verbrauchten elektrischen Energie eine erhebliche Wärmemenge erzeugt. Mit anderen Worten: Ein hoher COP-Wert bedeutet eine effizientere Energieumwandlung.

Vergleich mit konventionellen Systemen: Der Vergleich des COP mit konventionellen Systemen, wie z.B. Gaskesseln oder Klimaanlagen, ist wichtig, um mögliche Energieeinsparungen zu bewerten. Wärmepumpen mit einem hohen COP können auf lange Sicht eine wirtschaftlichere Wahl sein.

Temperaturabhängigkeit: Saisonale und klimatische Schwankungen wirken sich auf den COP aus, der mit der Quell- und Abflusstemperatur variieren kann. Das Verständnis dieser Abhängigkeit ist entscheidend für die richtige Auslegung bei extremen Klimabedingungen.

Die Rolle des Kältemittels und die Auswirkungen auf die Umwelt Die Wahl des Kältemittels hat einen direkten Einfluss auf den COP. Kältemittel mit optimalen thermophysikalischen Eigenschaften können zur Verbesserung der Gesamteffizienz des Systems beitragen. Ein hoher COP senkt nicht nur die Betriebskosten, sondern minimiert auch den ökologischen Fußabdruck durch die Begrenzung der Treibhausgasemissionen.

Wirtschaftlichkeit und Amortisationszeit: Der COP spielt eine wichtige Rolle bei der Bestimmung der Amortisationszeit einer Wärmepumpeninvestition. Systeme mit einem hohen COP können im Laufe der Zeit zu niedrigeren Betriebskosten führen, was die Amortisation der Anfangsinvestition beschleunigt.

Anpassungsfähigkeit an erneuerbare Energiequellen: Wärmepumpen mit hohem COP lassen sich optimal mit erneuerbaren Energiequellen kombinieren und tragen so zur Schaffung nachhaltigerer Energiesysteme bei. Die Kombination von effizienten Wärmepumpen und erneuerbaren Energiequellen ist eine Strategie zur Reduzierung der gesamten Umweltbelastung.

Zusammenfassend lässt sich sagen, dass die Leistungszahl weit über eine einfache Effizienzmessung hinausgeht. Sie ist der Schlüssel zu fundierten Entscheidungen bei der Planung, der Installation und dem Betrieb von Wärmepumpensystemen. Ein tiefgreifendes Verständnis der Leistungszahl ist von grundlegender Bedeutung für die Verfolgung des Ziels der Energieeffizienz und Nachhaltigkeit.

UMWELTAUSWIRKUNGEN UND NACHHAL-TIGKEIT

Wärmepumpen stellen einen Meilenstein in der Transformation der Energielandschaft dar und bringen erhebliche Vorteile in Bezug auf die ökologische Nachhaltigkeit mit sich. Lassen Sie uns einen genaueren Blick darauf werfen, wie diese Systeme die Umwelt positiv beeinflussen und zu einer ökologisch ausgewogeneren Zukunft beitragen.

Verringern Sie Ihren ökologischen Fußabdruck:

Wärmepumpen wurden entwickelt, um den Energieverbrauch zu senken, ein Schlüsselelement im Kampf gegen Treibhausgasemissionen. Diese Systeme nutzen fortschrittliche thermodynamische Prinzipien, um Wärme von niedrigen Temperaturen auf heißere Quellen zu übertragen und so den Einsatz von Strom zu minimieren. Diese Senkung des Energieverbrauchs führt zu einer erheblichen Verringerung der Emissionen von Kohlendioxid (CO_2) und anderen Luftschadstoffen.

Integration mit erneuerbaren Energiequellen:

Ein besonderer Aspekt von Wärmepumpen ist ihre Fähigkeit zur Integration mit erneuerbaren Energiequellen. Die Verbindung dieser Systeme mit photovoltaischen Solarzellen oder anderen grünen Energiequellen erhöht ihre allgemeine Nachhaltigkeit noch weiter. Der Einsatz erneuerbarer Energiequellen verringert die Abhängigkeit von nicht erneuerbaren Ressourcen und fördert die Schaffung eines grüneren Energiemixes.

Schlüsselrolle bei der Bekämpfung des Klimawandels:

Die Verringerung der CO_2-Emissionen ist entscheidend im Kampf gegen den Klimawandel. Wärmepumpen leisten einen wichtigen Beitrag dazu, indem sie eine effiziente und umweltfreundliche Lösung für den Heiz- und Kühlbedarf bieten. Dies wird vor dem Hintergrund des wachsenden Umweltbewusstseins und der weltweiten Bemühungen, die Klimaziele zu erreichen, immer wichtiger.

Lange Lebensdauer und Abfallminimierung:

Die Nachhaltigkeit von Wärmepumpen spiegelt sich auch in ihrer langen Betriebsdauer und minimalen Abfallproduktion wider. Bei richtiger Handhabung und regelmäßiger Wartung können diese Geräte viele Jahre lang betrieben werden, wodurch sich die Notwendigkeit eines häufigen Austauschs verringert und somit ein Beitrag zur Reduzierung des gesamten Lebenszyklus der Umwelt geleistet wird.

Anpassungsfähigkeit an lokale Gegebenheiten:

Wärmepumpen eignen sich gut für lokale Kontexte und Gemeinschaftsprojekte. Ihre Flexibilität bei der Anbindung an lokale Energiequellen und der Integration in kommunale Nachhaltigkeitsinitiativen macht sie zu einer vielseitigen Option für den Aufbau widerstandsfähiger und nachhaltiger lokaler Energiesysteme.

Anreize und regulatorische Unterstützung:

Staatliche Anreize und Umweltvorschriften fördern die Einführung nachhaltiger Technologien, einschließlich Wärmepumpen. Diese Maßnahmen unterstützen den Übergang zu einem bewussteren Umgang mit Energieressourcen, indem sie diejenigen belohnen, die in umweltfreundliche Lösungen investieren.

Zusammenfassend lässt sich sagen, dass Wärmepumpen mehr als nur Heiz- und Kühlsysteme sind. Sie sind ein wichtiger Baustein beim Aufbau einer nachhaltigeren Zukunft und tragen erheblich zur Reduzierung von Emissionen und zum verantwortungsvollen Umgang mit Energieressourcen bei. Die Investition in diese Technologien verbessert nicht nur unsere Lebensqualität, sondern unterstreicht auch ein spürbares Engagement für den Schutz unserer Umwelt.

KAPITEL 3

ENTWURF EINER WÄRMEPUMPE

Die Entwicklung von Wärmepumpen ist ein komplizierter Prozess, der die Synthese von fortschrittlichen thermodynamischen Prinzipien, anspruchsvollem Ingenieurwissen und der Anwendung innovativer Technologien umfasst. Ziel dieses komplexen technischen Prozesses ist es, hocheffiziente thermische Systeme zu entwickeln, die in der Lage sind, Wärme von Niedrigtemperaturquellen auf heißere Quellen zu übertragen und dabei die Umwelt zu schonen. Die Entwicklung von Wärmepumpen erfordert eine sorgfältige Berücksichtigung von Klimavariablen, Geländeeigenschaften (bei geothermischen Pumpen), die Auswahl von Kältemitteln mit geringer Umweltbelastung und technische Lösungen, die die betriebliche Effizienz maximieren. In einem Kontext, in dem Nachhaltigkeit und Energieeffizienz Priorität haben, spielt das Design von Wärmepumpen eine entscheidende Rolle bei der Entwicklung von innovativen thermischen Lösungen, die umweltfreundlich sind und mit den Zielen der globalen Energiewende übereinstimmen.

THERMISCHE ANALYSE VON GEBÄUDEN UND ENERGIEBE-DARF

Die thermische Analyse von Gebäuden ist ein wesentlicher Bestandteil des Bauingenieurwesens, der sich auf das Verständnis und die Optimierung des Wärmemanagements eines Gebäudes konzentriert.

Dieser Prozess umfasst die Bewertung der thermischen Eigenschaften der Gebäudehülle, die Berücksichtigung interner und externer Wärmequellen und die Ermittlung von Strategien zur Maximierung der Energieeffizienz.

1. **Modellierung der Gebäudehülle:**

   - Die Analyse beginnt mit einer detaillierten Modellierung der Gebäudehülle, einschließlich Wänden, Fenstern, Böden und Dächern. Jedes Element wird durch seine thermischen Eigenschaften charakterisiert, einschließlich Wärmeleitfähigkeit, Wärmekapazität und Wärmewiderstand.

2. **Simulationen der Wärmeübertragung:**

   - Mithilfe von thermischen Simulationstools bewerten Ingenieure den Wärmefluss durch die Gebäudehülle. Diese Simulationen berücksichtigen externe Faktoren wie die Umgebungstemperatur, die Sonneneinstrahlung und die Wetterbedingungen.

3. **Berücksichtigung von internen Wärmequellen:**

   - Interne Wärmequellen wie elektronische Geräte, Beleuchtung und Bewohner werden analysiert, um die zusätzliche Wärmebelastung innerhalb des Gebäudes zu ermitteln. Dieser Beitrag ist entscheidend für die richtige Dimensionierung von Heiz- und Kühlsystemen.

4. **Normative Energieanforderungen:**

   - Lokale und nationale Energiestandards und -vorschriften bieten Referenzanforderungen für die nachhaltige Gestaltung von Gebäuden. Dazu gehören Höchstgrenzen für den Energieverbrauch und spezifische Kriterien für die Effizienz von thermischen Systemen.

5. **Analyse von Solaranlagen:**

- Die thermische Analyse umfasst oft auch die Bewertung der Sonneneinstrahlung, d.h. die Analyse, wie das Sonnenlicht das Gebäude zu den verschiedenen Jahreszeiten beeinflusst. Dies kann die Gestaltung von Öffnungen, Sonnenschutz und Baumaterialien beeinflussen.

6. Optimierung von HVAC-Systemen:

- Auf der Grundlage der gesammelten Daten werden die Heizungs-, Lüftungs- und Klimatisierungssysteme (HVAC) optimiert. Ziel ist es, sicherzustellen, dass diese Systeme angemessen dimensioniert sind, um den Wärmebedarf des Gebäudes zu decken, ohne Energie zu verschwenden.

7. Materialien und Isolierung:

- Die Wahl der Baumaterialien und der Grad der Wärmedämmung spielen bei der Wärmeanalyse eine wichtige Rolle. Materialien mit niedriger Wärmeleitfähigkeit und effektiver Isolierung helfen, den Wärmeverlust zu verringern.

8. Implementierung von nachhaltigen Technologien:

- Die thermische Analyse umfasst oft auch die Bewertung nachhaltiger Technologien wie Wärmepumpen, thermische Solarpaneele und intelligente Kontrollsysteme. Diese fortschrittlichen Lösungen tragen dazu bei, den Gesamtenergieverbrauch des Gebäudes weiter zu senken.

Die thermische Analyse von Gebäuden und deren Energiebedarf ist ein Schlüsselprozess bei der nachhaltigen Gestaltung und Optimierung der Energieleistung von Gebäuden. Der ganzheitliche Ansatz umfasst mehrere Aspekte, von fortschrittlichen Simulationen bis hin zu innovativen Materialentscheidungen und Technologien, mit dem Ziel, effiziente, komfortable und umweltfreundliche Lebensumgebungen zu schaffen.

STUDIE DER UMWELTMERKMALE FÜR PDC, WASSER, GEO-THERMIE

In der weitläufigen und fortschrittlichen Landschaft der Wärmepumpen (KWK) erweist sich die Umweltanalyse als ein wichtiger Schritt, um die Effizienz und Nachhaltigkeit thermischer Systeme zu gewährleisten, wobei der Schwerpunkt auf Luft-, Wasser- und geothermischen Varianten liegt. Wir gehen näher auf die komplexen technischen Überlegungen ein, die mit diesem Prozess verbunden sind, und versuchen, selbst die fortschrittlichsten Konzepte für diejenigen zugänglich zu machen, die sich dieser Disziplin zum ersten Mal nähern.

1. Luft-Wärmepumpen (ASHP):

Klimabewertung: Wir beginnen mit einer gründlichen Analyse der klimatischen Eigenschaften. In dieser Phase werden Daten über die Außentemperatur, die Luftfeuchtigkeit und die jahreszeitlichen Schwankungen gesammelt und analysiert - Schlüsselelemente, die die Betriebseffizienz der Luftquelle direkt beeinflussen.

Topografie: Die Topografie der Umgebung spielt eine entscheidende Rolle bei der Definition des Luftstroms. Die Identifizierung von Hindernissen und die Berücksichtigung des Grundrisses von Gebäuden sind entscheidend für die Optimierung der Leistung des DCP.

Geräuschpegel: Für einen Rundumblick berücksichtigen wir auch den von der luftgekühlten Wärmepumpe erzeugten Geräuschpegel. Das Management des akustischen Komforts ist von besonderer Bedeutung, vor allem bei Anwendungen im Wohnbereich.

2. Wasserquellen-Wärmepumpen (WSHP):

Analyse der Wasserressourcen: Lassen Sie uns nun zur Analyse der umgebenden Wasserressourcen für wasserbetriebene DCPs übergehen. Wir befassen uns mit der Verfügbarkeit und der Temperatur von Wasser, entscheidende Faktoren für das Verständnis und die Maximierung der Effizienz des thermodynamischen Zyklus.

Wärmeverteilung: Wir befassen uns mit der Verteilung der Wärme im Wasser, indem wir die hydraulischen Eigenschaften des Wärmeübertragungssystems untersuchen.

Auswirkungen auf die Umwelt: Die ökologische Nachhaltigkeit steht im Mittelpunkt der Analyse, wobei ein besonderer Schwerpunkt auf den Auswirkungen von PoW auf die umliegenden aquatischen Ökosysteme liegt.

3. Geothermische Wärmepumpen:

Geologische Merkmale: Bei Erdwärmepumpen erfordert die Analyse eine eingehende Untersuchung der geologischen Merkmale des umgebenden Bodens. Wir befassen uns mit der Wärmeleitfähigkeit des Bodens, einem entscheidenden Parameter für die Systemleistung.

Erdwärmesonden: Wenn wir uns auf Erdwärmesondensysteme konzentrieren, untersuchen wir das Design von effizienten Bohrungen und führen spezifische Tests durch, um die thermischen Eigenschaften des Bodens zu verstehen.

Lebenszyklus des Bodens: Die Analyse projiziert die langfristigen Auswirkungen der geothermischen Wärmepumpe auf die Bodentemperatur und gewährleistet so die Nachhaltigkeit des Systems im Laufe der Zeit.

4. Nachhaltigkeit und allgemeine Umweltaspekte:

Energieeinsparungen: Wir legen Wert auf maximale Energieeinsparungen bei gleichzeitiger Reduzierung der Gesamtumweltbelastung durch das System.

Kältemittel-Emissionen: Bei der Auswahl der Kältemittel sind wir bestrebt, den Ausstoß von Treibhausgasen zu reduzieren und so zur globalen Nachhaltigkeit beizutragen.

Integration mit erneuerbaren Quellen: Wir untersuchen, wie die Effizienz von Wärmepumpen durch die Integration mit erneuerbaren Quellen, wie z.B. photovoltaischen Solaranlagen, weiter optimiert werden kann.

Die Umweltanalyse für Wärmepumpen ist ein technisch komplexer Prozess, der ein gründliches Verständnis der klimatischen, hydrologischen, geologischen und konstruktiven Variablen erfordert. Dieser multidisziplinäre Ansatz ist unerlässlich, um die Effizienz und Nachhaltigkeit von Heiz- und Kühlsystemen zu gewährleisten und die fortschrittlichen Konzepte dieser faszinierenden Technologie auch für Anfänger zugänglich zu machen.

FORTGESCHRITTENE METHODEN DER SYSTEMDIMENSIONIERUNG

Die genaue Dimensionierung eines Wärmepumpensystems ist entscheidend, um optimale Leistung, Energieeffizienz und Langlebigkeit zu gewährleisten. Fortgeschrittene Dimensionierungsmethoden gehen über einfache Schätzungen hinaus und beinhalten ausgeklügelte technische Ansätze. Wir gehen im Detail auf die Schritte und Überlegungen ein, die bei diesen fortschrittlichen Methoden eine Rolle spielen.

Thermische Analyse des Gebäudes:

Detaillierte Simulationen: Mit fortschrittlicher Software werden detaillierte thermische Simulationen des betreffenden Gebäudes durchgeführt. Dazu gehört die Modellierung jeder Komponente, von der Wandstruktur bis hin zu den Fenstern und Türen, wobei auch der Einfluss der äußeren klimatischen Bedingungen berücksichtigt wird.

Interne Lasten: Interne Lasten wie Beleuchtung, elektronische Geräte und Bewohner werden berücksichtigt. Dadurch wird sichergestellt, dass das Wärmepumpensystem für die tatsächliche Wärmebelastung ausgelegt ist.

Analyse der Einschaltdauer:

Lastprofile: Tägliche und saisonale Wärmelastprofile werden analysiert. Dies bietet einen detaillierten Überblick über die Schwankungen des Energiebedarfs und ermöglicht die Dimensionierung eines Systems, das sich dynamisch an diese Schwankungen anpassen kann.

Klimavariablen: Die Analyse berücksichtigt die standortspezifischen klimatischen Bedingungen unter Berücksichtigung saisonaler Schwankungen und des Vorhandenseins von Temperaturspitzen.

Bewertung von erneuerbaren Energiequellen:

Integration mit erneuerbaren Quellen: Die Möglichkeit der Integration des Wärmepumpensystems mit erneuerbaren Quellen wie Photovoltaik-Solarzellen oder Kraft-Wärme-Kopplungsanlagen wird geprüft. Diese Integration kann die Gesamtdimensionierung und das Energiemanagement beeinflussen.

Bewertung der Gesamteffizienz: Das Ziel ist die Maximierung der Gesamteffizienz des Systems unter Berücksichtigung der synergetischen Interaktion mit erneuerbaren Quellen.

Analyse der Verwertungssysteme:

Auslastungsprofil: Die Nutzungsmuster des Gebäudes werden analysiert, um zu verstehen, wann und wie das Heiz- und Kühlsystem am meisten beansprucht wird. So kann das System so dimensioniert werden, dass es effizient auf die Bedürfnisse der Nutzer reagieren kann.

Optimierte Steuerung: Es werden fortschrittliche Steuerungsstrategien in Betracht gezogen, die die Systemleistung dynamisch an bestimmte Betriebsbedingungen anpassen und so die Energieeffizienz weiter verbessern.

Analyse der Wirtschaftlichkeit und der Rentabilität der Investition:

Anschaffungs- und Betriebskosten: Die anfänglichen Installationskosten und die erwarteten Betriebskosten im Laufe der Zeit werden bewertet. Dies hilft bei der Ermittlung der Kapitalrendite und der Identifizierung möglicher Optimierungsmöglichkeiten.

Lebenszyklusanalyse: Unter Berücksichtigung des gesamten Lebenszyklus des Systems werden die langfristigen wirtschaftlichen Auswirkungen bewertet, einschließlich der Wartungskosten und möglicher Technologie-Upgrades.

Moderne Methoden zur Systemauslegung für Wärmepumpen erfordern einen systematischen und technologisch fortschrittlichen Ansatz. Durch detaillierte Simulationen, die Analyse der Wärmelasten, die Integration erneuerbarer Energiequellen und eine umfassende wirtschaftliche Bewertung zielen diese Methoden darauf ab, sicherzustellen, dass das System auf die spezifischen Bedürfnisse des Gebäudes zugeschnitten ist und Effizienz, Nachhaltigkeit und eine optimale wirtschaftliche Rendite gewährleistet werden.

KAPITEL 4

INBETRIEBNAHME VON WÄRMEPUMPEN

Die erfolgreiche Implementierung von Wärmepumpen erfordert einen sorgfältigen und entscheidenden Prozess, der als 'Inbetriebnahme' bekannt ist.

Diese Phase stellt den letzten, aber entscheidenden Schritt im Lebenszyklus eines thermischen Systems dar und markiert den Moment, in dem Theorie und Design konkret in den Betrieb umgesetzt werden. Die Inbetriebnahme von Wärmepumpen umfasst eine Reihe von Aktivitäten, die von der Überprüfung der korrekten Installation der Anlage bis zur Konfiguration der optimalen Betriebsparameter reichen.

Dieser Prozess erfordert gründliche Kenntnisse der Wärmepumpentechnologie, einschließlich ihrer thermodynamischen Funktionsweise, der spezifischen Systemeigenschaften und der Interaktion mit der Umgebung. Darüber hinaus bietet die Inbetriebnahme die Möglichkeit, die Einhaltung von Sicherheits- und Effizienzstandards zu überprüfen und die Einstellungen entsprechend den spezifischen Anforderungen des Gebäudes oder der Anwendung zu optimieren.

Vor dem Hintergrund der zunehmenden Betonung von Nachhaltigkeit und Energieeffizienz spielt die genaue Inbetriebnahme eine zentrale Rolle, wenn es darum geht, sicherzustellen, dass Wärmepumpen die Erwartungen erfüllen und für thermischen Komfort, geringere Emissionen und eine positive Umweltbilanz sorgen.

INSTALLATIONSVERFAHREN IN ÜBEREINSTIMMUNG MIT DEN VORSCHRIFTEN

Die "Verfahren zur vorschriftsmäßigen Installation" sind ein entscheidendes Element bei der Realisierung effizienter und sicherer Wärmepumpensysteme.

Diese detaillierten Verfahren sollen sicherstellen, dass die Installation von Wärmepumpen in strikter Übereinstimmung mit den Branchenvorschriften und -normen durchgeführt wird. Hier finden Sie eine detaillierte Beschreibung der einzelnen Schritte:

Planung und Vorbereitung:

- *Projektanalyse:* Bevor Sie mit der Installation beginnen, sollten Sie unbedingt eine gründliche Projektanalyse durchführen, bei der die Spezifikationen der Wärmepumpenanlage und die Eigenschaften des Gebäudes berücksichtigt werden.
- *Überprüfung der lokalen Vorschriften: Die* lokalen und nationalen Vorschriften werden sorgfältig geprüft, um sicherzustellen, dass die Installation allen geltenden Gesetzen und Vorschriften entspricht.

Vorbereitung des Standorts:

- *Vorbereitung des Geländes:* Für Erdwärmepumpen wird das Gelände vorbereitet, einschließlich der Bohrung von Erdwärmesonden oder der Erstellung von Bohrlöchern für den Wärmeaustausch.
- *Bauliche Anpassungen:* Um eine ordnungsgemäße Installation zu gewährleisten, können je nach Systemanforderungen bauliche Anpassungen oder Änderungen am Gebäude erforderlich sein.

Physische Installation des Systems:

- *Montage und Anschluss:* Die Wärmepumpeneinheiten werden gemäß den Herstellerangaben und Sicherheitsvorschriften montiert und angeschlossen.
- *Rohrleitungssysteme:* Die Rohrleitungssysteme sind präzise ausgeführt und gewährleisten den korrekten Fluss der Wärmeträgerflüssigkeit.

Elektronische Konfiguration und Steuerungen:

- *Konfiguration der Steuerungen: Die* elektronischen Steuerungen des Systems sind sorgfältig konfiguriert, um einen optimalen Betrieb zu gewährleisten.

- Sicherheitstests: Es werden Sicherheitstests durchgeführt, um zu prüfen, ob die Schutzvorrichtungen und Alarme korrekt funktionieren.

Prüfung und Zertifizierung:

- *Systemtest:* Es wird ein vollständiger Systemtest durchgeführt, bei dem verschiedene Betriebsbedingungen simuliert werden, um sicherzustellen, dass die Wärmepumpe in allen Situationen zuverlässig reagiert.
- *Zertifizierung: Sobald die Tests* bestanden sind und die Konformität überprüft wurde, werden die erforderlichen Zertifikate und Konformitätserklärungen ausgestellt.

Schulung und Dokumentation:

- *Benutzerschulung:* Es ist wichtig, die Endnutzer in der Bedienung und Wartung der Wärmepumpenanlage zu schulen.
- *Vollständige Dokumentation:* Sie erhalten eine vollständige Dokumentation mit Installationshandbüchern, Zertifizierungen und allen relevanten Informationen.

Letzte Inspektion und vorbeugende Wartung:

- *Abschlussinspektion:* Eine strenge Abschlussinspektion stellt sicher, dass alle Aspekte der Installation den Vorschriften und Normen entsprechen.
- *Wartungsplanung:* Ein präventives Wartungsprogramm wird geplant, um eine optimale Leistung über einen längeren Zeitraum zu gewährleisten.

Diese Verfahren stellen sicher, dass Wärmepumpen professionell installiert werden und garantieren Energieeffizienz, Sicherheit und die Einhaltung der lokalen und nationalen Vorschriften.

OPTIMALE KONFIGURATION DER KONTROLLPARAMETER

Die optimale Konfiguration der Steuerungsparameter ist ein wichtiger Schritt bei der Implementierung von Wärmepumpen, da sie sich direkt auf die Energieeffizienz und die Systemleistung auswirkt. Lassen Sie uns im Detail betrachten, wie diese Konfigurationen angegangen werden:

1. Analyse der thermischen Belastung:
Bevor Sie mit der Konfiguration beginnen, ist es wichtig, eine detaillierte Analyse der Wärmebelastung des Gebäudes durchzuführen. Dazu gehört die Bewertung der täglichen und saisonalen Schwankungen des Heiz- oder Kühlbedarfs.

2. Einstellen der Temperatur der Wasserversorgung:
Die Vorlaufwassertemperatur ist ein entscheidender Parameter. Sie wird in Abhängigkeit von den äußeren Bedingungen, dem Wärmebedarf des Gebäudes und den Systemspezifikationen geregelt, um sicherzustellen, dass das Wasser die optimale Temperatur für die Wärmeübertragung erreicht.

3. Ventilator-Drehzahlregelung (ASHP):
Bei Luft-Wärmepumpen (ASHP) wirkt sich die Lüftergeschwindigkeit auf die Effizienz und die Luftverteilung aus. Die Anpassung der Drehzahl an die Heizlast und die Wetterbedingungen optimiert die Effizienz.

4. das Kühlmittelmanagement:
Die Steuerung des Kältemittels ist entscheidend. Der Kältemittelfluss wird je nach Heiz- oder Kühlbedarf angepasst, um die Effizienz des thermodynamischen Kreislaufs zu maximieren.

5. Optimierung der Abtauzyklen:
Abtauzyklen sind ein wesentlicher Bestandteil der ASHP. Die optimale Konfiguration bestimmt, wann und wie lange die Abtauzyklen aktiviert werden sollen, um Energieverschwendung zu vermeiden.

6. Thermostat- und Sensoreinstellungen:

Die Steuerungsalgorithmen von Thermostaten und Sensoren spielen eine entscheidende Rolle. Die optimale Konfiguration passt die Reaktion des Systems an die Innen- und Außenbedingungen an und vermeidet Überhitzung oder Unterkühlung.

7. Integration mit Hilfssystemen und erneuerbaren Energiequellen:

Im Zusammenhang mit hybriden Energiesystemen umfasst die optimale Konfiguration die Integration von Hilfssystemen und erneuerbaren Quellen wie Sonnenkollektoren oder Energiespeichersystemen.

8. Planung der Betriebszeiten:

Die Planung der Betriebszeiten ist entscheidend, um das System an die Routinen der Bewohner anzupassen. Die optimale Konfiguration berücksichtigt Spitzenzeiten und die Verringerung der Nachfrage in Zeiten der Inaktivität.

9. Optimierung von Wärme- und Kühlungsverlusten:

Die optimale Konfiguration berücksichtigt die Wärmedämmungsbedingungen des Gebäudes und passt die Steuerungsparameter an, um den Wärmeverlust im Winter und das Eindringen von Wärme im Sommer zu minimieren.

10. Kontinuierliche Überwachung und Anpassung:

Schließlich ist die optimale Konfiguration kein statisches Ereignis, sondern ein dynamischer Prozess. Das System wird kontinuierlich überwacht, und die Kontrollparameter werden als Reaktion auf Veränderungen der thermischen Belastung und der äußeren Bedingungen angepasst.

Zusammenfassend lässt sich sagen, dass die optimale Konfiguration der Steuerungsparameter ein anspruchsvoller Prozess ist, der die thermischen Anforderungen des Gebäudes mit der Energieeffizienz des Systems in Einklang bringt. Es handelt sich um eine dynamische Phase, die technisches Fachwissen, Liebe zum Detail und die Fähigkeit erfordert, sich im Laufe der Zeit an veränderte Betriebsbedingungen anzupassen.

TESTS UND FUNKTIONSTESTS

Abnahme- und Funktionstests sind ein entscheidender Schritt bei der Implementierung von Wärmepumpen (BHKW), da sie sicherstellen, dass das System korrekt installiert ist und gemäß den Spezifikationen funktioniert. Lassen Sie uns einen Blick auf die Details dieser Aktivitäten werfen:

1. **Erste Inspektionen:**
   - Die Testphase beginnt mit detaillierten Inspektionen, um die physische Installation des Systems zu überprüfen. Alle Komponenten, von den Wärmepumpeneinheiten bis hin zu den elektrischen und sanitären Anschlüssen, werden untersucht, um sicherzustellen, dass sie den Vorschriften und Konstruktionsspezifikationen entsprechen.

2. **Verifizierung von Verbindungen:**
   - Alle Anschlüsse werden überprüft, um sicherzustellen, dass sie sicher befestigt sind und dass keine Wärmeübertragungsflüssigkeit austritt. Rohrleitungen und elektrische Anschlüsse werden sorgfältig geprüft, um die Sicherheit und Effizienz des Systems zu gewährleisten.

3. **Kalibrierung von Sensoren und Kontrollinstrumenten:**
   - Sensoren für Temperatur, Druck und andere Kontrollgeräte werden kalibriert, um genaue Messungen zu gewährleisten. Dieser Schritt ist für genaue Messwerte und das ordnungsgemäße Funktionieren von Kontrollsystemen unerlässlich.

4. **Sicherheitstests:**
   - Es werden spezielle Tests durchgeführt, um die ordnungsgemäße Funktion von Sicherheitsvorrichtungen, wie z.B. Sicherheitsventilen und Notabschaltsystemen, zu überprüfen. Diese Tests sind entscheidend, um den Schutz der Benutzer und die Einhaltung der Vorschriften zu gewährleisten.

5. **Simulationen der thermischen Belastung:**
   - Um die Leistung des Systems unter realistischen Bedingungen zu bewerten, werden thermische Belastungssimulationen durchgeführt. Diese Simulationen ermöglichen es, potenzielle Probleme zu erkennen und die Kontrollparameter zu optimieren.

6. **Thermodynamischer Wirkungsgrad des Zyklus:**
   - Es werden Tests durchgeführt, um die Effizienz des thermodynamischen Kreislaufs zu bewerten. Dabei wird die Leistung in Bezug auf die Wärme- oder Kälteerzeugung im Verhältnis zum Energieverbrauch gemessen. Diese Tests liefern klare Hinweise auf die Gesamteffizienz des Systems.

7. **Einstellen der Kontrollparameter:**
   - Steuerungsparameter wie Speisewassertemperatur, Ventilatordrehzahl und andere Einstellungen werden anhand der Testergebnisse angepasst. Ziel ist es, die System-leistung zu optimieren, um die Energieeffizienz zu maximieren.

Vollständige Dokumentation:

Jede Stufe der Prüfung wird sorgfältig dokumentiert. Diese Dokumentation umfasst Prüfberichte, Kalibrierungsprotokolle und alle relevanten Informationen für die kontinuierliche Überwachung und zukünftige Wartung.

PDC INTEGRATION IN BESTEHENDE SYSTEME

Die Integration von Wärmepumpen in bestehende Systeme ist eine zunehmend gängige Praxis, um die Energieeffizienz von Gebäuden zu verbessern und die Umweltbelastung zu verringern. Schauen wir uns die Details dieser Integration an:

1. **Bewertung der existierenden Infrastruktur:**
   - Es beginnt mit einer detaillierten Bewertung der vorhandenen Infrastruktur, einschließlich der bereits genutzten Heiz- und Kühlgeräte. Diese Analyse hilft dabei, mögliche Synergien und notwendige Anpassungen zu identifizieren.

2. **Systemkompatibilität:**
   - Die Kompatibilität zwischen den Wärmepumpen und anderen vorhandenen Systemen wird überprüft. Dazu können Luftverteilungssysteme, Sanitäranlagen und Kontrollsysteme gehören.

3. **Strukturelle Änderungen, falls erforderlich:**
   - Falls erforderlich, werden bauliche Veränderungen vorgenommen, um die Wärmepumpen optimal zu integrieren. Dies kann die Installation von Luftverteilungssystemen oder die Änderung bestehender Rohrleitungssysteme umfassen.

4. **Konfiguration der zentralisierten Kontrollen:**
   - Es wird an der Konfiguration zentraler Steuerungen gearbeitet, die eine nahtlose Integration ermöglichen. Dies kann den Einsatz von Automatisierungssystemen zur Verwaltung und Optimierung des Gesamtbetriebs beinhalten.

5. **Globale Systemoptimierung:**
   - Auf die Integration folgen Optimierungsschritte, die die Anpassung von Steuerungsparametern und die Implementierung von Energiemanagementstrategien zur Maximierung der Gesamteffizienz umfassen können.

6. **Leistungsüberprüfung:**
   - Nach der Integration werden Tests und Simulationen durchgeführt, um die Gesamtleistung des Systems zu überprüfen. In dieser Phase wird sichergestellt, dass die Integration zu echten Verbesserungen in Bezug auf Effizienz und thermischen Komfort geführt hat.

7. **Benutzerschulung:**
   - Die Endbenutzer werden in der Verwendung des integrierten Systems geschult, einschließlich der Änderungen im täglichen Betrieb und der neuen verfügbaren Funktionen.

8. **Kontinuierliche Überwachung:**

- Nach der Integration wird das System kontinuierlich überwacht, um die Leistung im Laufe der Zeit zu bewerten und eventuell notwendige Optimierungen oder Änderungen vorzunehmen.

Die Integration von Wärmepumpen in bestehende Systeme erfordert einen ganzheitlichen Ansatz, von der ersten Bewertung bis zur langfristigen Leistungsüberprüfung. Eine sorgfältige Planung und Verwaltung während der Integration ist unerlässlich, um die Effizienz- und Nachhaltigkeitsvorteile zu maximieren.

KAPITEL 5

FINANZIERUNG VON WÄRMEPUMPEN

Das Kapitel 'Finanzierung von Wärmepumpen' bietet eine umfassende Analyse der verschiedenen finanziellen Aspekte, die mit dem Erwerb, der Installation und dem Betrieb von Wärmepumpen verbunden sind.

1. Einführung in die Wärmepumpen-Finanzierung:
- Kontextualisierung der Bedeutung der Finanzierung für den Übergang zu nachhaltigen Energietechnologien.
- Überblick über die verschiedenen Finanzierungsmöglichkeiten für Wärmepumpenprojekte.

2. Analyse von Kosten und Nutzen:
- Detaillierte Analyse der Kosten, die mit dem Kauf, der Installation und dem Betrieb von Wärmepumpen verbunden sind.
- Bewertung der langfristigen Vorteile, einschließlich Energieeinsparungen, Emissionsreduzierungen und wirtschaftlicher Vorteile.

3. Staatliche Anreizprogramme:
- Erkundung von Regierungsprogrammen, die finanzielle Anreize für die Einführung von Wärmepumpentechnologien bieten.
- Analyse der Bedingungen und Voraussetzungen für die Inanspruchnahme dieser Anreize.

4. Erleichterte Finanzierungen und Darlehen:
- Einblicke in subventionierte Finanzierungen, die von Finanzinstituten und Banken für Wärmepumpenprojekte angeboten werden.
- Analyse der Zugangsvereinbarungen und Vertragsbedingungen.

5. Modelle der partizipativen Finanzierung:
- Studie über Crowdfunding und partizipative Finanzierungsmodelle im Zusammenhang mit Wärmepumpen.
- Erkundung von Plattformen und Strategien zur Einbindung der Gemeinschaft.

6. Finanzielle Risikoanalyse:
- Identifizierung und Bewertung potenzieller finanzieller Risiken im Zusammenhang mit Investitionen in Wärmepumpen.
- Strategien zur Risikominderung und Notfallplanung.

7. Finanzierung von gewerblichen und industriellen Projekten:
- Analyse der spezifischen Finanzierungsmöglichkeiten für gewerbliche und industrielle Wärmepumpenprojekte.
- Untersuchung der Komplexität, die mit größeren Projekten verbunden ist.

8. Innovative Ansätze für nachhaltige Finanzen:

- Erkundung neuer nachhaltiger Finanzierungsmodelle, wie z.B. Energieleistungs- und Wartungsverträge.
- Analyse der Wirksamkeit dieser Ansätze im Zusammenhang mit Wärmepumpen.

9. Leitfaden für die Auswahl von Finanzoptionen:

- Ein praktischer Leitfaden, der Privatpersonen, Unternehmen und Institutionen bei der Auswahl der für ihre spezifischen Bedürfnisse am besten geeigneten Finanzoptionen hilft.
- Checklisten und Entscheidungskriterien zur Erleichterung der Auswahl.

10. Erfolgreiche Fallstudien:

- Präsentation von Fallstudien, die die erfolgreiche Finanzierung und Umsetzung von Wärmepumpen-projekten illustrieren.
- Detaillierte Analyse der Schlüsselfaktoren, die zum Erfolg beigetragen haben.

11. Schlussfolgerungen und Zukunftsperspektiven

- Zusammenfassung der wichtigsten Punkte, die in diesem Kapitel angesprochen werden.
- Zukunftsperspektiven für die Entwicklung der Wärmepumpenfinanzierung und neue Möglich-keiten, die sich ergeben könnten

KOSTEN-NUTZEN-ANALYSE BEI DER IMPLEMENTIERUNG VON PDC

Die Kosten-Nutzen-Analyse bei der Einführung von Wärmepumpen (KWK) ist ein entscheidender Schritt bei jedem Energiewendeprojekt.

Als Branchenprofi berücksichtige ich mehrere Schlüsselaspekte, die über Zahlen und Punkte hinausgehen, und konzentriere mich auf ein tiefgreifendes Verständnis der beteiligten Dynamik.

Kontext und Vorbedingungen: Wir beginnen mit einer gründlichen Analyse des Projektkontexts und seiner Vorbedingungen. Dazu gehört das Verständnis der Umwelt- und Klimabedingungen, der Gebäudestruktur und der spezifischen thermischen Bedürfnisse der Nutzer. Die Konsultation der Beteiligten ist entscheidend, um einen vollständigen Überblick über die Erwartungen und Bedürfnisse zu erhalten.

Ermittlung der direkten und indirekten Kosten: Eine genaue Kostenanalyse muss sowohl die Kosten berücksichtigen, die direkt mit dem Erwerb und der Installation der DCPs verbunden sind, wie z.B. die Geräte selbst und die infrastrukturelle Anpassung, als auch die indirekten Kosten, wie z.B. die langfristigen Betriebs- und Wartungskosten. Dies erfordert eine Bewertung der beteiligten Humanressourcen, der benötigten Materialien und der möglichen Betriebsunterbrechungen während der Installation.

Bewertung des kurz- und langfristigen Nutzens: Die Bewertung des Nutzens ist ebenso entscheidend. Neben den offensichtlichen Vorteilen wie Energieeinsparungen und verringerten Emissionen ist es entscheidend, die Auswirkungen auf die Gesundheit, den Komfort der Bewohner und das Ansehen der Umwelt zu berücksichtigen. PdC ist nicht nur eine technologische Lösung, sondern eine Komponente eines umfassenderen Ökosystems, das die Lebensqualität und Nachhaltigkeit beeinflusst.

Analyse von Variablen und Risiken: In Anbetracht der Komplexität des Projekts müssen Variablen und potenzielle Risiken sorgfältig geprüft werden. Dazu können Schwankungen bei den Materialkosten, Energieschwankungen, Änderungen der Vorschriften und technische Unwägbarkeiten gehören. Das Verständnis dieser Variablen ist unerlässlich, um Risiken zu mindern und die Stabilität des Systems im Laufe der Zeit zu gewährleisten.

Technologische Innovationen und Updates: Die Welt der PdC-Technologie entwickelt sich ständig weiter. Ein sachkundiger Fachmann muss die neuesten Innovationen und Technologie-Updates bewerten, um sicherzustellen, dass das implementierte System auf dem neuesten Stand der Technik ist und sich an den zukünftigen Energiebedarf anpassen kann.

Einbindung der Gemeinde und soziale Akzeptanz: Bei der Kosten-Nutzen-Analyse dürfen die Einbindung der Gemeinde und die soziale Akzeptanz nicht außer Acht gelassen werden. Das Verständnis der lokalen Dynamik, die Sensibilisierung für das Potenzial der PdC-Technologie und das Eingehen auf alle Bedenken der Gemeinschaft sind Schlüsselelemente für den Erfolg des Projekts.

Die Kosten-Nutzen-Analyse bei der Umsetzung von PoC geht über Zahlen und Punkte hinaus. Es handelt sich um einen Prozess, der eine integrierte Sichtweise und ein tiefes Verständnis des Kontexts, der sozialen Dynamik und der technologischen Herausforderungen erfordert. Der Rat von Experten und die Zusammenarbeit mit Interessenvertretern sind unerlässlich, um eine fundierte und nachhaltige Entscheidungsfindung zu ermöglichen.

NATIONALE UND LOKALE ANREIZE UND EINRICHTUNGEN

Als Fachmann für Wärmepumpen (KWK) ist es entscheidend, die auf nationaler und lokaler Ebene verfügbaren Anreize und Subventionen genau zu kennen, um fundierte finanzielle Entscheidungen treffen zu können. Auf nationaler Ebene bieten staatliche Maßnahmen und Umweltinitiativen oft erhebliche Anreize für die Einführung nachhaltiger Technologien wie Wärmepumpen.

1. **Identifizierung der nationalen Anreize:**

- Der erste Schritt besteht in der Identifizierung von Anreizen auf nationaler Ebene. Dazu können Steuergutschriften, Steuerabzüge oder subventionierte Finanzierungen für den Kauf und die Installation von Wärmepumpen gehören. Es ist von entscheidender Bedeutung, dass Sie mit den Änderungen der Vorschriften und den Aktualisierungen der Anreize auf dem Laufenden bleiben.

2. **Bewertung der Anforderungen und Bedingungen:**

- Ein gründliches Verständnis der Anforderungen und Bedingungen für die Inanspruchnahme von Fördermitteln ist unerlässlich. Dazu können bestimmte Kriterien gehören, wie z.B. die Energieeffizienz des Systems, die Installation durch zertifizierte Fachleute oder die Registrierung bei bestimmten Programmen.

3. **Suchen Sie nach lokalen Einrichtungen:**

- Auf lokaler Ebene können die Gemeinden und Behörden zusätzliche Zugeständnisse anbieten. Dazu können Steuerbefreiungen, Rabatte bei Baugenehmigungen oder lokale Finanzierungsprogramme gehören. Die sorgfältige Erforschung dieser lokalen Möglichkeiten ist ein wesentlicher Bestandteil der Finanzierungsstrategie.

4. **Koordinierung mit Umweltprogrammen:**

- Manchmal sind die Anreize Teil umfassenderer Programme für ökologische Nachhaltigkeit. Die Teilnahme an solchen Programmen kann zusätzliche Finanzierungsmöglichkeiten eröffnen und die Sichtbarkeit des Projekts auf lokaler Ebene verbessern.

FINANZIERUNGSSTRATEGIEN UND INVESTITIONSMÖGLICHKEITEN

Die Festlegung von Finanzierungsstrategien und die Identifizierung von Investitionsmöglichkeiten erfordert einen klaren Überblick über die finanzielle Dynamik und die Wachstumsmöglichkeiten im PoC-Sektor.

1. **Analyse des notwendigen Kapitals:**
- Wir beginnen mit einer eingehenden Analyse des für die Projektumsetzung benötigten Kapitals. Dazu gehören direkte Kosten wie der Kauf von PDCs und indirekte Kosten wie Infrastrukturanpassungen und qualifizierte Arbeitskräfte.

2. **Erkundung der erleichterten Finanzierung:**
- Wir prüfen die Möglichkeiten für den Zugang zu subventionierten Finanzierungen, wie z.B. zinsgünstige Darlehen oder spezielle Kreditlinien für nachhaltige Projekte. Eine sorgfältige Recherche von Finanzinstituten und Regierungsprogrammen ist unerlässlich.

3. **Berücksichtigung von partizipativen Finanzierungsmodellen:**
- Die Erforschung partizipativer Finanzierungsmodelle, wie Crowdfunding oder kollektive Investitionen, kann eine interessante Strategie sein, um die Gemeinschaft einzubeziehen und die Finanzierungsquellen zu diversifizieren.

4. **Studie über langfristige Investitionsmöglichkeiten:**
- Investitionen in PdC können langfristige Renditen bieten. Wir bewerten Anlagemöglichkeiten unter Berücksichtigung der Stabilität des Energiesektors, der Wachstumsaussichten und der Zukunftsszenarien für PdC-Technologien.

5. **Partnerschaften und Kooperationen:**
- Die Erkundung von Partnerschaften mit Energieunternehmen, Immobilienentwicklern oder staatlichen Stellen kann umfassendere Finanzierungs- und Umsetzungsmöglichkeiten bieten.

6. **Analyse von Risiko und Ertrag:**
- Ein professioneller Ansatz erfordert eine gründliche Analyse der mit dem Projekt verbundenen finanziellen Risiken. Dazu können Schwankungen der Energiekosten, regulatorische Änderungen oder Änderungen der Nachfrage nach PdC-Technologien gehören. Die Leistungsanalyse muss realistisch sein und auf variablen Szenarien basieren.

7. **Bewertung der finanziellen Agilität:**
- Wir achten auf finanzielle Flexibilität, die es uns ermöglicht, uns an Veränderungen auf dem Markt oder in der Technologie anzupassen. Finanzielle Flexibilität ist entscheidend, um mit der sich verändernden Dynamik des PoC-Sektors fertig zu werden.

Als Branchenexperte verfolgen Sie einen strategischen Ansatz bei der Ermittlung von Anreizen, der Finanzplanung und der Bewertung von Investitionsmöglichkeiten. Das Wissen um die Dynamik der Branche und die Fähigkeit, Finanzierungsmöglichkeiten zu nutzen, sind für erfolgreiche PoC-Implementierungsprojekte unerlässlich.

ANALYSE DER WIRTSCHAFTSLEISTUNG IM ZEITVERLAUF

Die Analyse der wirtschaftlichen Leistung von Wärmepumpen (KWK) im Laufe der Zeit erfordert eine eingehende Betrachtung der finanziellen Dynamik und der langfristigen Aussichten. Wenn man sich diesem Thema aus professioneller Sicht nähert, ist es unerlässlich, mehrere Schlüsselkomponenten zu berücksichtigen, um eine vollständige Bewertung vornehmen zu können.

Wir beginnen mit der Bewertung der anfänglichen Kosten des Projekts, einschließlich der Anschaffung der MDEs, der Installation, etwaiger Infrastrukturänderungen und der damit verbundenen Kosten. Dies stellt das in das System investierte Anfangskapital dar.

Als Nächstes schätzen wir die Energieeinsparungen, die durch Wärmepumpen im Vergleich zu herkömmlichen Systemen erzielt werden. Dazu gehört eine Analyse der saisonalen Leistung der Wärmepumpen im Verhältnis zur Heizlast des Gebäudes.

Gleichzeitig werden die jährlichen Betriebskosten berechnet, die den für den Betrieb der DCPs benötigten Strom, die routinemäßige Wartung und die Nebenkosten umfassen. Diese Kosten werden über die Zeit projiziert, um einen klaren Überblick über die zukünftigen Cashflows zu erhalten.

Die Cashflow-Analyse ist von entscheidender Bedeutung. Sie berücksichtigt sowohl die anfänglichen Kosten als auch die Energieeinsparungen und bewertet, wie sich diese auf den jährlichen Cashflow über den gesamten Analysezeitraum auswirken.

Weitere wichtige Indikatoren sind die Amortisationszeit der Investition, die die Zeit angibt, die benötigt wird, um die anfänglichen Kosten durch Energieeinsparungen wieder hereinzuholen, und der interne Zinsfuß (IRR), der einen Hinweis auf die langfristige Rentabilität des Projekts gibt.

Darüber hinaus wird eine Sensitivitätsanalyse durchgeführt, um zu bewerten, wie sich Änderungen der Energiekosten, der Zinssätze oder anderer Schlüsselfaktoren auf die wirtschaftliche Gesamtleistung auswirken können.

Diese Analyse ist nicht statisch, sondern dynamisch. Die Marktbedingungen, Energiekosten und Technologien entwickeln sich im Laufe der Zeit, so dass regelmäßige Datenaktualisierungen und eine ständige Überprüfung der Analyse erforderlich sind.

Schließlich ist es unerlässlich, staatliche Anreize und Finanzierungsmöglichkeiten zu berücksichtigen und zu bewerten, wie sie den Cashflow und die Amortisationsdauer der Investition direkt beeinflussen. Die technologischen Entwicklungen im MDE-Sektor werden berücksichtigt, wobei berücksichtigt wird, wie sie sich im Laufe der Zeit auf die wirtschaftliche Leistung auswirken können, und Strategien zur Minderung des Risikos der Veralterung bewertet werden.

Zusammenfassend lässt sich sagen, dass die Analyse der wirtschaftlichen Leistung im Laufe der Zeit eine gründliche Bewertung der Kosten, des Nutzens und der Cashflows erfordert, um eine fundierte Entscheidung treffen zu können, was die Notwendigkeit einer dynamischen und aktuellen langfristigen Sichtweise unterstreicht.

KAPITEL 6

KOSTEN UND PRAKTISCHE BEISPIELE

Das Kapitel 'Kosten und praktische Beispiele' bietet eine detaillierte Analyse der mit der Implementierung von Wärmepumpen (KWK) verbundenen Kosten, angereichert mit praktischen Beispielen zur Verdeutlichung der wichtigsten Konzepte. Das Thema ist in mehrere Abschnitte unterteilt, die verschiedene Aspekte abdecken, von der anfänglichen Anschaffungs- und Installationsphase bis zur wirtschaftlichen Leistung im Laufe der Zeit.

1. Einführung in die Wärmepumpenkosten:

- Kontextualisierung der Bedeutung der Kostenanalyse bei der Einführung von PoC.

- Überblick über die verschiedenen Komponenten, die zu den Gesamtkosten beitragen.

2. Anfangskosten und Anschaffung von PdC:

- Erkundung der Vorlaufkosten, einschließlich des Kaufs von PdCs und der Infrastrukturanforderungen.

- Praktische Beispiele dafür, wie diese Kosten je nach Art des PdC und den Spezifikationen der Installation variieren können.

3. Betriebs- und Wartungskosten:

- Detaillierte Analyse der Betriebskosten, einschließlich Strom- und Wartungskosten.

- Praktische Beispiele dafür, wie die Designentscheidungen und die Effizienz von DCPs diese Kosten im Laufe der Zeit beeinflussen.

4. Analyse der Wirtschaftsleistung im Zeitverlauf:

- Einblick in das Konzept der Wirtschaftsleistung im Laufe der Zeit.

- Praktische Beispiele, die zeigen, wie die Analyse der wirtschaftlichen Leistung strategische Entscheidungen beeinflussen kann.

5. Praktische Beispiele für Wärmepumpenprojekte:

- Präsentation von realen Fallstudien, um Kosten, Nutzen und Herausforderungen im Zusammenhang mit bestimmten Projekten aufzuzeigen.

- Detaillierte Analyse der praktischen Aspekte, die sich aus diesen realen Erfahrungen ergeben.

6. Umwelt- und Nachhaltigkeitsaspekte:

- Einführung, wie Umwelt- und Nachhaltigkeitsaspekte in die Kostenanalyse integriert werden.

- Praktische Beispiele für Projekte, bei denen die Umweltauswirkungen erfolgreich optimiert wurden.

7. Checkliste zur Kostenbewertung:

- Bereitstellung einer praktischen Checkliste zur Unterstützung von Praktikern und Entscheidungsträgern bei der detaillierten Analyse von PDC-Kosten.

- Vorschläge und wichtige Punkte, die Sie bei der Bewertung berücksichtigen sollten.

Diese Zusammenfassung bietet einen Überblick über das Kapitel und hebt den praktischen Ansatz und die detaillierte Kostenanalyse von Wärmepumpen hervor. Jeder Abschnitt enthält nützliche Informationen zum Verständnis der verschiedenen finanziellen und technischen Aspekte im Zusammenhang mit der Einführung dieser nachhaltigen Technologie.

DETAIL DER ANSCHAFFUNGSKOSTEN: KAUF UND INSTALLATION

Die anfängliche Implementierungsphase eines Wärmepumpensystems (KWK) ist mit einer Reihe von Kosten verbunden, die über den Kauf des Geräts selbst hinausgehen. Wenn Sie diese Phase im Detail untersuchen, müssen Sie mehrere Aspekte berücksichtigen.

Kauf der **Wärmepumpe**: Zu den Anschaffungskosten gehört zunächst einmal der Kauf der Wärmepumpe. Diese hängen vom gewählten Wärmepumpentyp, seinen technischen Spezifikationen und der für die jeweilige Anwendung erforderlichen Heiz- oder Kühlleistung ab.

Zum Beispiel können Luft-Wärmepumpen zu Beginn günstiger sein als komplexere geothermische Lösungen.

Anforderungen an die Infrastruktur: Neben dem Kauf von PoC müssen auch die Anforderungen an die Infrastruktur berücksichtigt werden. Dazu können die Vorbereitung des Standorts, die Anpassung des bestehenden Systems und die Installation von Zubehörkomponenten wie Luftverteilungssystemen oder Strahlungsheizungen gehören. Die damit verbundenen Kosten hängen von den strukturellen Merkmalen des Gebäudes und der Komplexität des Projekts ab.

Professionelle **Installation:** Eine weitere wichtige Komponente sind die Kosten für die professionelle Installation. Die korrekte Installation ist entscheidend für das ordnungsgemäße Funktionieren und die Effizienz des Systems. Professionelle Installateure berechnen die Kosten je nach Komplexität des Projekts, der für die Installation benötigten Zeit und dem Bedarf an Spezialkenntnissen.

Zertifizierungen und Genehmigungen: Bei der Aufstellung der Anfangskosten ist es auch wichtig, die erforderlichen Zertifizierungen und Genehmigungen zu berücksichtigen. Für einige Projekte sind möglicherweise Genehmigungen der örtlichen Behörden oder spezielle Zertifizierungen erforderlich, um die Einhaltung von Vorschriften zu gewährleisten.

DETAILLIERTE BETRIEBSKOSTENSIMULATIONEN

Sobald die Installationsphase abgeschlossen ist, gehen wir zur Analyse der Betriebskosten über. Diese stellen die Kosten dar, die mit dem kontinuierlichen Betrieb von DCPs im Laufe der Zeit verbunden sind.

Energieverbrauch: *Die* wichtigsten Betriebskosten hängen oft mit dem Energieverbrauch von DCPs zusammen. Dieser hängt von ihrer Effizienz und der Energiemenge ab, die zum Heizen oder Kühlen der Umgebung benötigt wird. Die detaillierte Simulation umfasst die Bewertung der saisonalen Leistung der Wärmepumpen unter verschiedenen klimatischen Bedingungen.

Wartung und technische Unterstützung: Ein weiterer Aspekt, den Sie berücksichtigen sollten, sind die Kosten für regelmäßige Wartung und technische Unterstützung. PdCs benötigen ein angemessenes Maß an Wartung, um die hohe Leistung über einen längeren Zeitraum zu erhalten. Dazu gehören die Reinigung, die Inspektion der Komponenten und der eventuelle Austausch von Teilen, die dem Verschleiß unterliegen.

Technologische Upgrades: Bei Betriebskostensimulationen ist es auch wichtig, mögliche technologische Upgrades zu berücksichtigen. Die MDE-Branche entwickelt sich weiter, und es kann notwendig sein, die Kosten für die Einführung neuer Technologien oder die Aufrüstung bestehender Anlagen zu berücksichtigen.

Mögliche **Nebenkosten**: Schließlich sollte die Simulation mögliche Nebenkosten im Zusammenhang mit dem Betrieb der DCPs berücksichtigen. Dazu könnte die Anschaffung von fortschrittlichen Sensoren, automatisierten Kontrollsystemen oder Energieüberwachungslösungen zur Optimierung der Leistung gehören.

Zusammenfassend lässt sich sagen, dass die detaillierte Analyse der Anschaffungs- und Betriebskosten die Bewertung zahlreicher Faktoren beinhaltet, von denen, die mit dem Kauf und der

Installation von Wärmepumpen verbunden sind, bis hin zur Simulation der Betriebskosten im Laufe der Zeit. Dieser Ansatz bietet einen umfassenden Überblick, um fundierte Entscheidungen bei der Planung und dem Betrieb von Wärmepumpensystemen zu treffen.

FALLSTUDIEN VON REALISIERTEN PROJEKTEN MIT WIRTSCHAFTLICHEN ERGEBNISSEN

Die Analyse von Fallstudien realisierter Projekte mit wirtschaftlichen Ergebnissen bietet eine konkrete Perspektive darauf, wie sich die Einführung von Wärmepumpen (KWK) in realen Kontexten auf Kosten und Nutzen ausgewirkt hat.

Praktische Beispiele bieten wertvolle Einblicke in die operative und finanzielle Dynamik von PoC-Projekten. Sehen wir uns im Detail an, wie eine Fallstudie aufgebaut sein könnte:

1. Der Kontext des Projekts:
- Zunächst wird der spezifische Kontext des Projekts dargestellt, einschließlich der Art des Gebäudes (Wohngebäude, Gewerbegebäude, Industriegebäude), der geografischen Lage und des ursprünglichen Energiebedarfs. Damit wird der Rahmen festgelegt, in dem der PdC umgesetzt wird.

2. Ziele des Projekts:
- Beschreiben Sie die Ziele des Projekts, sowohl in energetischer als auch in wirtschaftlicher Hinsicht. Dazu könnten die Reduzierung der Treibhausgasemissionen, Energieeinsparungen, die Senkung der Betriebskosten oder staatliche Anreize gehören.

3. Technologische Entscheidungen:
- Er untersucht die technologischen Entscheidungen, die während des Projekts getroffen wurden, wie z.B. den spezifischen Typ des verwendeten PdC, die Steuerungstechnologien und die mögliche Integration mit anderen Energiequellen.

4. Anfängliche Kosten:
- Geben Sie einen detaillierten Überblick über die anfänglichen Kosten, einschließlich des Kaufs der MDEs, der Infrastrukturanforderungen und der mit der Installation verbundenen Kosten. Analysieren Sie, wie sich diese anfänglichen Ausgaben in eine langfristige Investition verwandeln.

5. Umsetzung und Herausforderungen:

- Beschreiben Sie die Erfahrungen während der Umsetzungsphase und heben Sie dabei alle Herausforderungen und Lösungen hervor. Dies vermittelt ein praktisches Verständnis der tatsächlichen Projektdynamik.

6. Energieleistung:

- Bewertet die Energieleistung des Systems im Laufe der Zeit. Verwendet die tatsächlichen Verbrauchsdaten und vergleicht die erwartete Leistung mit der erzielten Leistung. Veranschaulicht, wie das PdC-System auf klimatische und saisonale Schwankungen reagiert hat.

7. Wirtschaftliche Ergebnisse:

- Analysieren Sie die erzielten wirtschaftlichen Ergebnisse, einschließlich der Energieeinsparungen, der Betriebskosten und der finanziellen Gesamtleistung. Zeigen Sie auf, wie die Umsetzung des PdC die wirtschaftliche Situation des Projekts positiv oder negativ beeinflusst hat.

8. Umweltauswirkungen:

- Er berücksichtigt die Umweltauswirkungen des Projekts, indem er die Reduzierung der Kohlenstoffemissionen und die Gesamtwirkung auf die Nachhaltigkeit bewertet. Dieser Aspekt ist entscheidend für die Bewertung des ökologischen Fußabdrucks des implementierten PoC-Systems.

9. Gelernte Lektionen und Verbesserungen:

- Teilen Sie die Erfahrungen, die Sie während des Projekts gemacht haben, und weisen Sie auf Aspekte hin, die bei zukünftigen Projekten verbessert werden könnten. Dies trägt zu einer kontinuierlichen Weiterentwicklung der eingesetzten Verfahren und Technologien bei.

10. Schlussfolgerungen und zukünftige Überlegungen:

- Schließen Sie die Fallstudie mit einer Zusammenfassung der erzielten Ergebnisse ab und heben Sie dabei die wichtigsten Erfolgspunkte oder Bereiche hervor, in denen Verbesserungen möglich sind. Geben Sie Empfehlungen oder Überlegungen für ähnliche zukünftige Projekte.

Durch die Analyse von Fallstudien realisierter Projekte wird ein konkretes Verständnis für die Vorteile und Herausforderungen bei der Implementierung von Wärmepumpen gewonnen. Diese praktischen Beispiele bieten wertvolle Lehren, die in ähnlichen Kontexten angewandt werden können, um fundierte und nachhaltige Entscheidungen im Bereich der Energietechnologie zu treffen.

CHECKLISTE FÜR FACHLEUTE

1. **Geotechnische Analyse des Bodens oder der Umgebung**: In diesem Abschnitt betonen wir, wie wichtig eine umfassende Bewertung der geotechnischen Eigenschaften des Standorts ist, an dem die Wärmepumpen installiert werden sollen.

Diese Analyse umfasst das Verständnis der Zusammensetzung des Bodens, des Vorhandenseins von Grundwasser und anderer geologischer Faktoren, die die Effizienz und Machbarkeit der Installation von Erdwärmepumpen beeinflussen können. Dies ist ein entscheidender Schritt, um sicherzustellen, dass das gewählte System für die spezifischen Umweltbedingungen geeignet ist.

2. **Erweiterte Überprüfung der Wärmedämmung von Gebäuden**: Dieser Teil des Kapitels befasst sich mit der Bedeutung einer gründlichen Überprüfung der Wärmedämmung von Gebäuden. Eine genaue Bewertung der Isolierung ist unerlässlich, um sicherzustellen, dass Wärmepumpen effizient arbeiten können.

Eine unzureichende Isolierung kann zu einem erhöhten Wärmeverlust führen, der die Energiekosten in die Höhe treibt und die Effektivität des Heiz- oder Kühlsystems verringert. Es werden verschiedene Aspekte der Isolierung besprochen, wie die Art des Isoliermaterials, die strukturelle Integrität und die effektivsten Isolierungstechniken.

3. **Einhaltung von Branchenvorschriften**: Dieser Abschnitt befasst sich mit der Bedeutung der Einhaltung von lokalen, nationalen und internationalen Vorschriften und Gesetzen im Zusammenhang mit Wärmepumpen. Dazu gehören Sicherheitsvorschriften, Umweltrichtlinien und spezielle Vorschriften für die Installation und Wartung von Wärmepumpen.

Dieser Teil des Kapitels gibt einen Überblick über die wichtigsten zu beachtenden Vorschriften und betont, wie wichtig es ist, diese einzuhalten, um rechtliche Sanktionen zu vermeiden und die Sicherheit und Effizienz des Systems zu gewährleisten.

4. **Detaillierte Wartungs- und Überwachungspläne**: Schließlich geht es in diesem Kapitel um die Notwendigkeit, regelmäßige Wartungspläne und Strategien zur Leistungsüberwachung für Wärmepumpen aufzustellen.

Es wird erörtert, wie eine geplante Wartung Fehlfunktionen verhindern und die Lebensdauer des Systems verlängern kann, während eine ständige Leistungsüberwachung dazu beitragen kann, Probleme schnell zu erkennen und die betriebliche Effizienz zu optimieren. Dieser Abschnitt enthält auch Vorschläge, wie diese Pläne strukturiert werden können und welche Aspekte des Systems besonders kritisch zu überwachen sind.

Dieses Kapitel dient als umfassender Leitfaden für Fachleute. Es bietet ihnen eine detaillierte und strukturierte Checkliste, um sicherzustellen, dass alle wichtigen Aspekte bei der Installation, der Wartung und dem Betrieb von Wärmepumpen berücksichtigt werden.

GEOTECHNISCHE ANALYSE DES BODENS ODER DER UMGEBUNG

Die "Geotechnische Analyse des Bodens oder der Umgebung" befasst sich eingehend mit der Bedeutung einer gründlichen geotechnischen Analyse, bevor Sie mit der Installation von Wärmepumpen, insbesondere von geothermischen Pumpen, beginnen.

Diese Analyse ist entscheidend, um die Eignung des Standorts zu beurteilen und potenzielle Probleme zu vermeiden, die die Effizienz und Sicherheit des Systems beeinträchtigen könnten. Hier finden Sie eine ausführliche Beschreibung dessen, was das Unterkapitel umfasst:

1. **Die Bedeutung der geotechnischen Analyse**: Zunächst wird die grundlegende Rolle der geotechnischen Analyse bei der Planung und Installation von Wärmepumpen erläutert. Es wird hervorgehoben, wie eine genaue geotechnische Bewertung wichtige Standortmerkmale wie die Art des Bodens, das Vorhandensein von Grundwasserleitern und die geologische Stabilität ermitteln kann, die allesamt entscheidende Faktoren für die Wahl des Wärmepumpentyps und der Systemauslegung sind.

2. **Analysemethoden**: Dieser Abschnitt beschreibt die verschiedenen Techniken und Tools, die zur

   geotechnische Analysen wie Bodenuntersuchungen, Erkundungsbohrungen und Durchlässigkeitstests durchzuführen. Es wird auch erörtert, wie die Ergebnisse solcher Analysen zu interpretieren sind, um die Eigenschaften des Bodens zu bewerten, einschließlich seiner Fähigkeit, die für Wärmepumpen erforderliche Infrastruktur zu tragen.

3. Bewertung der Bodenzusammensetzung: Hier wird die Bewertung der Bodenzusammensetzung vertieft, indem Aspekte wie Dichte, Textur, Feuchtigkeitsgehalt und das Vorhandensein von Steinen oder anderen Materialien analysiert werden. Diese Faktoren beeinflussen die Wärmeleitung im Boden und damit die Effizienz der Wärmepumpe.

4. **Vorhandensein und Auswirkungen von Grundwasser**: Die Rolle des Grundwassers bei geotechnischen Analysen wird untersucht. Das Vorhandensein von Grundwasserleitern kann die Wahl des Wärmepumpentyps und der Installationsstrategien beeinflussen, da Grundwasser sowohl die Wärmeleitung verbessern als auch das Risiko der Verschmutzung oder der Destabilisierung des Bodens bergen kann.

5. **Auswirkungen auf die Stabilität und Sicherheit**: In diesem Teil wird erörtert, wie die geotechnische Analyse zur Stabilität und Sicherheit der Anlage beiträgt. Es werden Aspekte wie das Risiko eines Bodenversagens, der Widerstand des Bodens gegen tragende Strukturen und die zur Vermeidung struktureller Probleme erforderlichen Abhilfemaßnahmen betrachtet.

Umwelterwägungen: Schließlich befasst sich das Unterkapitel mit Umweltaspekten im Zusammenhang mit der geotechnischen Analyse, wie z.B. den Auswirkungen auf die umliegende Landschaft, dem Schutz der lokalen Flora und Fauna und der Minimierung der Umweltauswirkungen während der Installation und des Betriebs von Wärmepumpen.

Abschließend bietet dieses Unterkapitel einen umfassenden Leitfaden zum Verständnis der Bedeutung der geotechnischen Analyse im Zusammenhang mit Wärmepumpen und zeigt auf, wie wichtig eine genaue geotechnische Bewertung für eine effiziente und sichere Installation ist.

ERWEITERTE ÜBERPRÜFUNG DER WÄRMEDÄMMUNG DES GEBÄUDES

"Advanced Building Thermal Insulation Verification" befasst sich mit der entscheidenden Bedeutung einer genauen Überprüfung der Wärmedämmung von Gebäuden im Zusammenhang mit der Installation und Effizienz von Wärmepumpen. Eine angemessene Wärmedämmung ist der Schlüssel zur Maximierung der Energieeffizienz des Heiz- oder Kühlsystems bei gleichzeitiger Reduzierung der Betriebskosten und der Umweltbelastung. Hier finden Sie eine detaillierte Analyse des Unterkapitels:

1. **Bedeutung der Wärmedämmung**: Zunächst betont das Unterkapitel die Bedeutung der Wärmedämmung in Gebäuden, insbesondere in solchen, die Wärmepumpen verwenden. Eine ordnungsgemäße Isolierung verringert den Wärmeverlust im Winter und den Wärmeeintrag im Sommer, so dass Wärmepumpen effizienter arbeiten und eine komfortable Umgebung mit weniger Energieaufwand aufrechterhalten können.

2. Bewertung der vorhandenen Isolierung: Anschließend wird erörtert, wie die vorhandene Wärmedämmung in einem Gebäude bewertet werden kann. Dieser Prozess umfasst die Untersuchung der Art und Dicke der Isoliermaterialien, die Prüfung auf Wärmebrücken und die Analyse der Gesamtintegrität der Isolierung. Werkzeuge wie Wärmebildkameras können eingesetzt werden, um Schwachstellen oder Wärmeverluste zu identifizieren.

3. **Verbesserungen und Lösungen für die Wärmedämmung**: Das nächste Unterkapitel befasst sich mit verschiedenen Optionen zur Verbesserung der Wärmedämmung, darunter innovative Materialien, fortschrittliche Installationstechniken und Nachrüstungsstrategien für bestehende Gebäude. Es wird erörtert, wie Sie je nach Gebäudeeigenschaften und Klimaanforderungen die am besten geeigneten Dämmstoffe auswählen können.

4. **Vorschriften und Normen zur Wärmedämmung: Es** wird auch betont, wie wichtig es ist, sich an die geltenden Vorschriften und Normen zur Wärmedämmung zu halten. Lokale und nationale Gesetze können Mindestanforderungen für die Gebäudedämmung festlegen, und die Einhaltung dieser Standards ist sowohl für die Energieeffizienz als auch für die Einhaltung von Vorschriften unerlässlich.

5. **Auswirkungen der Isolierung auf die Effizienz von Wärmepumpen**: Der Unterabschnitt verdeutlicht, wie eine effektive Wärmedämmung die Effizienz von Wärmepumpen direkt beeinflusst. Mit einer guten Isolierung können Wärmepumpen mit geringerer Last betrieben werden, was zu einem niedrigeren Energieverbrauch, einer längeren Lebensdauer des Systems und niedrigeren Betriebskosten führt.

6. **Ganzheitlicher Ansatz zur Energieeffizienz**: Abschließend betonen wir, wie wichtig es ist, die Wärmedämmung als Teil eines ganzheitlichen Ansatzes zur Energieeffizienz von Gebäuden zu betrachten. Dies bedeutet, dass die Wärmedämmung mit anderen Aspekten des Gebäudes, wie Belüftung, Ausrichtung und Design, kombiniert werden muss, um die Gesamtleistung von Wärmepumpen und des Gebäudes als Ganzes zu optimieren.

Zusammenfassend bietet das Unterkapitel "Fortgeschrittene Überprüfung der Wärmedämmung von Gebäuden" eine ausführliche Anleitung zur Bewertung, Verbesserung und Integration der Wärmedämmung, um die Effizienz von Wärmepumpen zu maximieren, wobei die Bedeutung eines ganzheitlichen Ansatzes für die Energieeffizienz von Gebäuden betont wird.

EINHALTUNG DER BRANCHENVORSCHRIFTEN

"Einhaltung von Industrienormen" ist ein wichtiger Schritt, um zu verstehen, wie wichtig die Einhaltung von Vorschriften und Normen in unserer Branche ist. Dieses Kapitel ist für jeden, der mit Wärmepumpen arbeitet, unerlässlich, da es die wichtigsten Aspekte der Einhaltung von Vorschriften und deren Auswirkungen auf die Sicherheit, Effizienz und Nachhaltigkeit von Wärmepumpensystemen behandelt.

Die Einhaltung von Branchenvorschriften ist nicht nur eine gesetzliche Verpflichtung, sondern auch eine Verpflichtung zu Spitzenleistungen und beruflicher Verantwortung. Dieses Kapitel soll Ihnen eine ausführliche Anleitung geben, wie Sie sich in der komplexen Landschaft der Vorschriften zurechtfinden, von der Sicherheit über den Umweltschutz bis hin zur Energieeffizienz. Wir gehen auf die verschiedenen Arten von Vorschriften ein, sowohl auf lokaler als auch auf internationaler Ebene, und erörtern, wie sie sich auf jeden Aspekt der Planung, Installation, Wartung und des Betriebs von Wärmepumpen auswirken. Es werden Themen wie Sicherheitsvorschriften, Anforderungen an die Energieeffizienz, Umweltrichtlinien und Verfahren zur ordnungsgemäßen Dokumentation und zum Compliance-Management behandelt. Darüber hinaus werden wir die Auswirkungen der Nichteinhaltung von Vorschriften beleuchten, einschließlich rechtlicher, finanzieller und rufschädigender Risiken.

Dieses Kapitel soll Fachleuten in der Branche das Wissen und die Werkzeuge an die Hand geben, die sie benötigen, um sicherzustellen, dass ihre Arbeit nicht nur den aktuellen Vorschriften entspricht, sondern auch darauf vorbereitet ist, sich an zukünftige Änderungen in der Gesetzeslandschaft anzupassen. Die Einhaltung von Vorschriften ist ein dynamisches und sich ständig weiterentwickelndes Thema, und es ist für den langfristigen Erfolg und die Nachhaltigkeit in der Wärmepumpenbranche von entscheidender Bedeutung, in diesen Fragen informiert und auf dem Laufenden zu bleiben.

1. **Bedeutung der Einhaltung von Vorschriften**: Als Branchenexperten wissen wir, dass die Einhaltung von Vorschriften nicht nur eine rechtliche Verpflichtung ist, sondern auch eine ethische Verpflichtung gegenüber unseren Kunden und der Gemeinschaft. Die Einhaltung der Vorschriften gewährleistet, dass Wärmepumpensysteme sicher, effizient und umweltfreundlich sind. Außerdem hilft sie uns, unseren professionellen Ruf zu wahren und rechtliche Probleme zu vermeiden.

2. **Sicherheitsbestimmungen**: Sicherheit ist unsere oberste Priorität. Die Industrievorschriften setzen strenge Standards, um elektrische, mechanische und chemische Gefahren zu vermeiden. Dazu gehört alles, von der korrekten Installation von Stromkreisen bis hin zu sicheren Wartungsarbeiten. Die Kenntnis und Befolgung dieser Vorschriften ist unerlässlich, um uns selbst, unsere Kunden und die Integrität der von uns installierten Systeme zu schützen.

3. **Energieeffizienz und die Umwelt**: Die Vorschriften zur Energieeffizienz zielen nicht nur darauf ab, die Betriebskosten für die Kunden zu senken, sondern auch die Auswirkungen auf die Umwelt zu minimieren. Als Fachleute müssen wir sicherstellen, dass Wärmepumpen diese Standards erfüllen oder übertreffen und so zur Reduzierung der Treibhausgasemissionen und zur Förderung einer größeren energetischen Nachhaltigkeit beitragen.

4. **Einhaltung lokaler und internationaler Vorschriften**: Als Fachleute müssen wir über die lokalen, nationalen und internationalen Vorschriften auf dem Laufenden sein. Diese können sehr unterschiedlich sein und spezifische Vorschriften für die Installation, Wartung und Inspektion von Wärmepumpen enthalten. Eine gründliche Kenntnis dieser Vorschriften ist entscheidend, um die Einhaltung bei jedem Projekt zu gewährleisten.

5. **Dokumentation und Registrierung: Das** Führen einer genauen Dokumentation ist unerlässlich. Dazu gehören Zertifizierungen, Genehmigungen und Inspektionsberichte. Eine korrekte Dokumentation beweist nicht nur, dass wir die Vorschriften einhalten, sondern ist auch im Falle von Audits oder Inspektionen unerlässlich. Es ist unsere Aufgabe, dafür zu sorgen, dass alle Dokumente aktuell und leicht zugänglich sind.

6. **Risiken der Nichteinhaltung**: Die Nichteinhaltung von Vorschriften kann schwerwiegende Folgen haben, einschließlich rechtlicher Sanktionen, Geldstrafen und Schädigung unseres beruflichen Rufs. Darüber hinaus kann sie die Sicherheit und Effizienz der von uns installierten Systeme gefährden. Ein proaktiver Ansatz zur Einhaltung der Vorschriften ist daher unerlässlich, um diese Risiken zu vermeiden.

7. **Kontinuierliche Schulung und Aktualisierung**: Schließlich ist es wichtig, die Bedeutung kontinuierlicher Schulung und professioneller Aktualisierung zu betonen. Die Wärmepumpenbranche entwickelt sich ständig weiter, und es tauchen regelmäßig neue Technologien und Vorschriften auf. Als Fachleute müssen wir am Ball bleiben, indem wir

an Schulungen und Seminaren teilnehmen, um sicherzustellen, dass wir immer die neuesten Branchenvorschriften einhalten.

DETAILLIERTE WARTUNGS- UND ÜBERWACHUNGSPLÄNE

Wenn Sie sich mit 'Detaillierten Wartungs- und Überwachungsplänen' für Wärmepumpen befassen, ist es entscheidend zu verstehen, dass eine sorgfältige Wartung und Überwachung nicht nur für den effizienten Betrieb und die Langlebigkeit des Systems entscheidend ist, sondern auch für die Gewährleistung von Sicherheit und Energieeffizienz. Ein effektives Management dieser Aspekte kann das Risiko von Fehlfunktionen erheblich reduzieren, die Lebensdauer des Systems verlängern und die Betriebskosten optimieren.

Die Wartung von Wärmepumpen ist keine Aufgabe, die man auf die leichte Schulter nehmen sollte. Sie erfordert ständige Aufmerksamkeit und akribische Planung. Die regelmäßige Wartung umfasst detaillierte Kontrollen kritischer Komponenten wie Kompressoren, Wärmetauscher und Stromkreise. Diese Kontrollen müssen gemäß den Empfehlungen des Herstellers und unter Berücksichtigung der Besonderheiten der Betriebsumgebung durchgeführt werden. In einer Umgebung mit hohem Staub- oder Schadstoffaufkommen müssen die Filter zum Beispiel häufiger gereinigt werden.

Parallel zur Wartung ist die Leistungsüberwachung ein nicht zu vernachlässigender Aspekt. Mit dem technologischen Fortschritt werden die Überwachungssysteme immer ausgefeilter und ermöglichen eine Datenerfassung in Echtzeit und eine eingehende Analyse des Wärmepumpenbetriebs. Die Überwachung umfasst die Kontrolle von Parametern wie Temperatur, Druck, Durchfluss und Energieverbrauch. Diese Daten helfen nicht nur, Probleme frühzeitig zu erkennen, sondern liefern auch wertvolle Informationen zur Optimierung der Systemleistung.

Ein wichtiger Bestandteil von Wartungs- und Überwachungsplänen ist die Dokumentation. Das Führen detaillierter Aufzeichnungen über alle Inspektionen, Reparaturen, Komponentenänderungen und Überwachungsdaten ist unerlässlich. Diese Dokumentation erleichtert nicht nur die künftige Wartung und die Diagnose von Problemen, sondern ist auch entscheidend für die Einhaltung von Branchenvorschriften, die Aufrechterhaltung der Herstellergarantien und als Referenz im Falle von Inspektionen oder Audits.

Genauso wichtig ist die Schulung und Aktualisierung des Wartungs- und Überwachungspersonals. Sie müssen über gründliche Kenntnisse von Wärmepumpensystemen, Wartungspraktiken und Fehlerdiagnoseverfahren verfügen. Kontinuierliche Weiterbildung ist unerlässlich, insbesondere in einem sich schnell verändernden technologischen Bereich wie dem der Wärmepumpen.

Um einen effektiven Ansatz zu gewährleisten, sollten die Wartungs- und Überwachungspläne flexibel und anpassungsfähig sein. Jedes Wärmepumpensystem hat seine eigenen Besonderheiten und erfordert möglicherweise einen maßgeschneiderten Ansatz. Die Fähigkeit, Pläne an spezifische Betriebsbedingungen und Änderungen der Technologie oder der Vorschriften anzupassen, ist ein Zeichen von Professionalität und Kompetenz.

Zusammenfassend lässt sich sagen, dass die Liebe zum Detail bei Wartungs- und Überwachungsplänen für den optimalen Betrieb von Wärmepumpen unerlässlich ist. Durch eine effektive Wartung und Überwachung sorgen wir nicht nur für maximale Systemeffizienz und Sicherheit, sondern tragen auch zu einer geringeren Umweltbelastung und langfristiger Nachhaltigkeit bei. Dieser ganzheitliche, systemspezifische Ansatz ist ein grundlegender Aspekt unserer Arbeit als Wärmepumpenexperten.

KAPITEL 7

INTEGRATION VON WÄRMEPUMPEN IN INTELLIGENTE ENERGIENETZE

Im Kontext der sich entwickelnden Energienetze spielen Wärmepumpen (BHKWs) eine immer wichtigere Rolle, nicht nur als effiziente Heiz- und Kühlsysteme, sondern auch als Schlüsselelemente bei der Integration in intelligente Energienetze, oder Smart Grids. In diesem Kapitel wird untersucht, wie Wärmepumpen effektiv und nachhaltig in moderne Energienetze integriert werden können, um aktiv zum Übergang zu einem flexibleren, effizienteren und emissionsärmeren Energiesystem beizutragen.

Integration von Wärmepumpen in intelligente Netze

In diesem Abschnitt erörtern wir, wie MDEs an intelligente Stromnetze angeschlossen werden können, um die Energieeffizienz und das Ressourcenmanagement zu verbessern. Die Integration von DCPs in diese Netze ermöglicht eine größere betriebliche Flexibilität, ein optimiertes Stromlastmanagement und die Möglichkeit zur Teilnahme an Demand-Response-Programmen.

Dynamische Energienachfragesteuerung und Flexibilitätsreaktion

Dieser Teil konzentriert sich darauf, wie MDEs zum dynamischen Energienachfragemanagement beitragen können. MDEs können durch intelligente Steuerungssysteme ihren Betrieb an die Verfügbarkeit von Strom im Netz anpassen und so dazu beitragen, das Netz zu stabilisieren und Verbrauchsspitzen zu reduzieren.

Energiespeichertechnologien und Auswirkungen auf PoC

Die Wechselwirkungen zwischen MDEs und Energiespeichertechnologien wie Batterien und thermischen Speichersystemen werden analysiert. Der Einsatz dieser Technologien kann die Gesamteffizienz von MDEs verbessern, so dass sie zu Zeiten betrieben werden können, in denen Energie im Überfluss vorhanden und weniger teuer ist.

Strategien zur Optimierung des Eigenverbrauchs und der Integration erneuerbarer **Energiequellen**

Schließlich erörtern wir, wie PdCs zur Optimierung des Eigenverbrauchs von Energie eingesetzt werden können, insbesondere wenn sie in Systeme für erneuerbare Energien wie die Photovoltaik integriert werden. Diese Integration spart nicht nur Geld, sondern reduziert auch die Umweltbelastung, was PdC zu einer noch nachhaltigeren Lösung macht.

Dieses Kapitel zielt darauf ab, ein tiefes Verständnis dafür zu vermitteln, wie Wärmepumpen eine entscheidende Rolle bei der Entwicklung zu intelligenteren und nachhaltigeren Energienetzen spielen können.

INTEGRATION VON WÄRMEPUMPEN IN INTELLIGENTE NETZE

Die Integration von Wärmepumpen (KWK) in intelligente Stromnetze ist ein wichtiger Schritt bei der Umwandlung traditioneller Stromnetze in intelligente und nachhaltige Energiesysteme. Dieser Prozess beinhaltet den Einsatz von fortschrittlichen Technologien, Zwei-Wege-Kommunikation und Automatisierung, um die Energieeffizienz, das Ressourcenmanagement und die Netzstabilität zu verbessern.

1. **Intelligente** Stromnetze: **Grundlegende Konzepte** Intelligente Stromnetze sind Stromnetze, die Informations- und Kommunikationstechnologien nutzen, um die Energieerzeugung, die Verteilung und den Verbrauch zu optimieren. Sie zeichnen sich durch ein intelligentes Management der Energieflüsse aus, ermöglichen eine größere Interaktivität zwischen Anbietern und Verbrauchern und erleichtern die Integration erneuerbarer Energiequellen.

2. **Die Rolle von Wärmepumpen in intelligenten Netzen** Wärmepumpen werden in diesem Zusammenhang zu aktiven Geräten innerhalb des Netzes. Sie nehmen nicht nur Energie zum Heizen und Kühlen auf, sondern können auch als Elemente zur Steuerung der Energienachfrage fungieren. Dank ihrer thermischen Speicherkapazität und ihrer Betriebsflexibilität können Wärmepumpen zum Ausgleich der Netzlasten eingesetzt werden, indem sie Energie in Zeiten der
geringe Nachfrage und die Freigabe, wenn die Nachfrage hoch ist.

3. **Kommunikation und Automatisierung** Um MDEs effektiv in intelligente Stromnetze zu integrieren, ist der Einsatz fortschrittlicher Kommunikations- und Kontrollsysteme entscheidend. Diese Systeme ermöglichen es den MDEs, Signale aus dem Netz zu empfangen (z. B. Informationen über Energiepreise oder die Verfügbarkeit erneuerbarer Energien) und ihren Betrieb automatisch anzupassen. Auf diese Weise können die MDEs effizienter arbeiten und den Energieverbrauch und die Betriebskosten senken.

4. **Demand Response und flexibles Nachfragemanagement** Einer der wichtigsten Aspekte der Integration von DCPs in Smart Grids ist ihre Teilnahme an Demand-Response-Programmen. Diese Programme ermöglichen es den DCPs, ihren Energieverbrauch als Reaktion auf Netzsignale vorübergehend zu reduzieren oder zu erhöhen und so zum Ausgleich von Energieangebot und -nachfrage beizutragen und die Notwendigkeit zu verringern, zusätzliche Kraftwerke einzuschalten.

5. **Vorteile der Integration** Die Integration von DCPs mit Smart Grids bringt zahlreiche Vorteile mit sich, darunter:
   - Verbesserung der Gesamtenergieeffizienz des Netzwerks.
   - Optimierung der Nutzung von erneuerbaren Energiequellen.
   - Reduzierung der Treibhausgasemissionen.
   - Erhöhte Netzstabilität und Zuverlässigkeit.
   - Geringere Energiekosten für die Verbraucher.

Zusammenfassend lässt sich sagen, dass die Integration von Wärmepumpen mit intelligenten Netzen ein Schritt zur Schaffung intelligenterer und nachhaltigerer Energiesysteme ist. Diese Integration erfordert nicht nur die Einführung fortschrittlicher Technologien, sondern auch einen neuen Ansatz zur Verwaltung von Energieressourcen, bei dem Verbraucher und Geräte zu aktiven Akteuren im Energiesystem werden.

DYNAMISCHE STEUERUNG DER ENERGIENACHFRAGE UND FLEXIBILITÄT

Dynamische Energienachfragesteuerung und Flexibilitätsreaktion" bezieht sich auf einen innovativen Ansatz für das Energiemanagement, insbesondere in Bezug auf den Einsatz von Wärmepumpen (KWK) in einem Kontext intelligenter Netze oder intelligenter Energienetze. Dieser Ansatz konzentriert sich auf die Fähigkeit, den Energieverbrauch als Reaktion auf variable Netzbedingungen anzupassen, die Energieeffizienz zu optimieren und zur Stabilität des Stromsystems beizutragen.

Dynamische Nachfragesteuerung

Die dynamische Nachfragesteuerung bezieht sich auf die Strategien und Technologien, die zur Regulierung des Energieverbrauchs der Endverbraucher eingesetzt werden. Dazu kann die Drosselung des Energieverbrauchs während der Nachfragespitzen oder die Verlagerung des Verbrauchs auf Zeiten mit geringerer Nachfrage gehören. Ziel ist es, ein besseres Gleichgewicht zwischen Energieangebot und -nachfrage zu erreichen, indem der Bedarf an Spitzenstromerzeugung, die oft am teuersten und am wenigsten effizient ist, reduziert wird.

Reaktion auf Flexibilität

Unter Flexibilitätsreaktion versteht man die Fähigkeit eines Energiesystems, sich schnell an Änderungen der Energienachfrage oder des Energieangebots anzupassen. Im Kontext eines intelligenten Stromnetzes bedeutet dies, dass Geräte wie MDEs ihren Energieverbrauch als Reaktion auf Signale aus dem Netz, wie z. B. Änderungen der Energiepreise oder der Verfügbarkeit erneuerbarer Energien, erhöhen oder verringern können.

Die Rolle von Wärmepumpen

PdCs können wichtige Werkzeuge für ein dynamisches Nachfragemanagement sein. Mit ihrer Fähigkeit, den Betrieb zu modulieren und ihr thermisches Speicherpotenzial zu nutzen, können PdCs "aufladen", indem sie Wärme (oder Kälte) speichern, wenn Energie im Überfluss vorhanden und billiger ist (z. B. bei der Erzeugung erneuerbarer Energien), und diese Wärme/Kälte dann abgeben, wenn sie benötigt wird.

Intelligente Steuerungssysteme

Damit die Flexibilität wirksam ist, müssen die MDEs mit fortschrittlichen Kontrollsystemen ausgestattet sein, die es ihnen ermöglichen, Signale aus dem Netz zu empfangen und darauf zu reagieren. Diese Kontrollsysteme können den Betrieb der MDEs automatisch an verschiedene Faktoren wie den Energiepreis, die Verfügbarkeit erneuerbarer Energiequellen und die Wetterbedingungen anpassen.

Vorteile der dynamischen Nachfragesteuerung

Durch die Umsetzung von Strategien zur dynamischen Nachfragesteuerung und Flexibilitätsreaktion können mehrere Vorteile erzielt werden:

- Geringere Energiekosten für die Verbraucher.
- Größere Effizienz bei der Energieverteilung.
- Verringerung der Notwendigkeit, Spitzenkraftwerke einzuschalten.
- Verbesserte Integration von erneuerbaren Energiequellen.
- Beitrag zur Reduzierung der Treibhausgasemissionen.

Zusammenfassend lässt sich sagen, dass die dynamische Steuerung der Energienachfrage und das flexible Reagieren Schlüsselkonzepte für die Entwicklung moderner Energienetze sind. Aufgrund ihrer Fähigkeit, den Energieverbrauch zu modulieren und auf intelligente Weise mit dem Netz zu interagieren, spielen MDEs eine Schlüsselrolle in diesem Prozess und tragen zur Schaffung eines effizienteren, nachhaltigeren und widerstandsfähigeren Energiesystems bei.

ENERGIESPEICHERTECHNOLOGIEN UND AUSWIRKUNGEN AUF WÄRMEPUMPEN

Energiespeichertechnologien spielen eine entscheidende Rolle bei der Integration von Wärmepumpen (BHKW) in Energienetze, insbesondere im Zusammenhang mit intelligenten Netzen. Diese Technologien haben einen erheblichen Einfluss auf den Betrieb und die Effizienz von Wärmepumpen und ermöglichen ein flexibleres und optimiertes Energiemanagement.

Technologien zur Energiespeicherung Es gibt verschiedene Technologien zur Energiespeicherung, darunter:

- **Elektrobatterien**: Diese werden verwendet, um elektrische Energie zu speichern, die bei Bedarf genutzt werden kann. Dies ist besonders nützlich, um die Variabilität der Energieerzeugung aus erneuerbaren Quellen wie Sonnen- und Windenergie zu steuern.

- **Thermische Speicherung**: Umfasst Lösungen wie Warmwasserspeicher oder Phasenwechselmaterialien, die thermische Energie speichern. Diese Art der Speicherung ist für DCPs direkt relevant, da sie in diesen Systemen thermische Energie laden oder entladen können.

Auswirkungen auf Wärmepumpen

Die Integration von Energiespeichertechnologien mit Wärmepumpen bietet mehrere Vorteile:

- **Verbessertes Management erneuerbarer Energien**: PdCs können in Zeiten hoher erneuerbarer Energieproduktion den in Batterien gespeicherten Strom nutzen und so die Abhängigkeit von traditionellen Energiequellen verringern.

- **Gesteigerte Effizienz und Energieeinsparungen**: Mit thermischen Speichern können DCPs zu Zeiten betrieben werden, in denen die Energiekosten niedriger sind (z.B. über Nacht) und Wärme oder Kälte speichern, um sie zu Zeiten mit höherem Bedarf freizugeben.

- **Netzstabilisierung**: Der kombinierte Einsatz von PdC und Energiespeichern kann helfen, die Lasten im Netz auszugleichen, die Nachfragespitzen zu reduzieren und zur allgemeinen Stabilität des Energiesystems beizutragen.

Steuerungs- und Automatisierungssysteme

Um die Vorteile der Integration von Wärmepumpen mit Energiespeichertechnologien zu maximieren, sind fortschrittliche Steuerungssysteme unerlässlich. Diese Systeme ermöglichen es, den Betrieb von PDCs entsprechend den Netzbedingungen und dem Zustand der Speichersysteme zu optimieren, um eine effiziente Energienutzung zu gewährleisten und die Betriebskosten zu senken.

Herausforderungen und Chancen

Obwohl Energiespeichertechnologien viele Vorteile bieten, sind sie auch mit Herausforderungen verbunden, wie z.B. den hohen Kosten einiger Lösungen und der Notwendigkeit, eine angemessene Infrastruktur zu entwickeln. Die technologischen Entwicklungen und die wachsende Bedeutung der Nachhaltigkeit verbessern jedoch rasch die Zugänglichkeit und Effizienz dieser Technologien.

Energiespeichertechnologien sind der Schlüssel zur Verbesserung der Effizienz und Effektivität von Wärmepumpen in modernen Energienetzen. Der Einsatz dieser Technologien ermöglicht ein flexibleres Energiemanagement, eine bessere Nutzung erneuerbarer Quellen und trägt zu einem nachhaltigeren und widerstandsfähigeren Energiesystem bei.

STRATEGIEN ZUR OPTIMIERUNG DES EIGENVERBRAUCHS UND DER INTEGRATION ERNEUERBARER ENERGIEQUELLEN

Strategien zur Optimierung des Eigenverbrauchs und der Integration erneuerbarer Energiequellen sind für die Steigerung der Energieeffizienz und die Verringerung des ökologischen Fußabdrucks unerlässlich. Diese Strategien sind besonders relevant, wenn man den Einsatz von Wärmepumpen (KWK) in Kombination mit Systemen zur Nutzung erneuerbarer Energien, wie z.B. der Photovoltaik, in Betracht zieht. Ziel ist es, die Nutzung von lokal erzeugter Energie zu maximieren und die Abhängigkeit von traditionellen Stromnetzen und fossilen Brennstoffen zu verringern.

1. **Selbstverbrauch von erneuerbaren Energien** Selbstverbrauch bezieht sich auf die direkte Nutzung der lokal erzeugten Energie, z.B. durch Photovoltaikanlagen, anstatt sie ins Netz einzuspeisen. Die Optimierung des Eigenverbrauchs bedeutet, dass der größte Teil der vor Ort erzeugten Energie genutzt wird, so dass weniger Energie aus dem Netz bezogen werden muss.

2. **Integration von Wärmepumpen mit erneuerbaren Energiequellen** Durch die Integration von Wärmepumpen mit erneuerbaren Energiequellen, wie z.B. photovoltaischen Sonnenkollektoren, kann die Sonnenenergie zum Betrieb von Wärmepumpen genutzt werden. Diese Kombination kann die Energieeffizienz erheblich steigern und die Treibhausgasemissionen reduzieren.

3. **Energiemanagementsysteme** Um den Eigenverbrauch und die Integration erneuerbarer Energien zu optimieren, ist der Einsatz intelligenter Energiemanagementsysteme unerlässlich. Diese Systeme überwachen die Energieerzeugung, den Verbrauch und die Netzbedingungen und passen den Betrieb von MDEs und anderen Geräten automatisch an, um die Nutzung erneuerbarer Energien zu maximieren.

4. Energiespeicherung Der Einsatz von Energiespeichersystemen, wie z.B. Batterien, ist für die Optimierung des Eigenverbrauchs unerlässlich. Diese Systeme speichern überschüssige Energie, die während der solaren Spitzenzeiten produziert wird, und nutzen sie dann, wenn die solare Energieproduktion reduziert wird oder ausbleibt, z.B. nachts oder an bewölkten Tagen.

5. Nutzung des **Potenzials der Wärmespeicherung** Wärmespeicher-Wärmepumpen können zur Speicherung von Wärmeenergie in Zeiten hoher erneuerbarer Energieerzeugung eingesetzt werden. So kann z.B. in den Spitzenzeiten der Sonneneinstrahlung überschüssiger Strom für den Betrieb der PDCs verwendet und Wärme (oder Kälte) für die zukünftige Nutzung gespeichert werden.

6. **Energieeffizienz und Kostensenkung** Diese Strategien erhöhen nicht nur die Energieeffizienz, sondern können auch die langfristigen Energiekosten erheblich senken. Durch die Nutzung lokal erzeugter Energie können die Verbraucher ihre Abhängigkeit vom Stromnetz und die variablen Energiekosten reduzieren.

7. **Nachhaltigkeit und Umweltauswirkungen** Die Optimierung des Eigenverbrauchs und die Integration erneuerbarer Energiequellen tragen zur ökologischen Nachhaltigkeit bei. Durch die Verringerung der Abhängigkeit von fossilen Brennstoffen und die verstärkte Nutzung erneuerbarer Energien werden die Treibhausgasemissionen reduziert und der Übergang zu einer saubereren, nachhaltigeren Energiezukunft unterstützt.

8. **Dynamische Energietarife und Anreize**

- Implementieren und nutzen Sie dynamische Energietarife, die Anreize für die Nutzung von Energie zu Zeiten schaffen, in denen die Produktion aus erneuerbaren Quellen am höchsten ist.

- Nutzen Sie finanzielle Anreize oder Steuervergünstigungen für die Installation von erneuerbaren Energien und Speichersystemen, um die Anfangsinvestition zu reduzieren und die Amortisation zu beschleunigen.

9. **Überwachung und Datenanalyse**

- Nutzen Sie fortschrittliche Überwachungs- und Datenanalysesysteme, um die Energienutzung in Echtzeit zu optimieren.

- Analyse der Energieverbrauchsmuster und entsprechende Anpassung der Eigenverbrauchsstrategien zur Maximierung der Effizienz.

10. Optimierung der Wärmepumpenleistung

- Führen Sie technologische Verbesserungen bei Wärmepumpen ein, um ihre Effizienz zu erhöhen, wenn sie mit erneuerbaren Energien betrieben werden.

- Passen Sie die Betriebszyklen der PdCs entsprechend der Wettervorhersage und der Verfügbarkeit von Solar- oder Windenergie an.

11. Integration von Multi-Energie-Systemen

- Die Kombination verschiedener erneuerbarer Energiequellen (z.B. Sonne und Wind) für eine konstantere und zuverlässigere Energieversorgung.

- Integration von Wärmepumpen mit anderen Energiesystemen, wie z.B. geothermischen Wärmepumpen oder Wärmerückgewinnungssystemen, für einen ganzheitlichen Energieansatz.

12. Entwicklung von Energiegemeinschaften

- Bilden Sie lokale Energiegemeinschaften, in denen aus erneuerbaren Quellen erzeugte Energie unter den Mitgliedern geteilt wird, um den Eigenverbrauch auf Nachbarschafts- oder Gemeindeebene zu optimieren.

- Förderung der gemeinsamen Nutzung von überschüssiger Energie durch die Mitglieder der Gemeinschaft, um die Gesamteffizienz des Systems zu erhöhen.

13. Unterstützende Politiken und Vorschriften

- Fördern Sie die Entwicklung von Strategien und Vorschriften, die die Integration von erneuerbaren Energien und Eigenverbrauch erleichtern.

- Schaffung regulatorischer Rahmenbedingungen, die die dezentrale Energieerzeugung und die aktive Beteiligung der Verbraucher am Energiemarkt unterstützen.

14. Bildung und Bewusstseinsschärfung

- Förderung von Bildungs- und Sensibilisierungsprogrammen, um die Einführung nachhaltiger Praktiken und Investitionen in erneuerbare Technologien zu fördern.

- Informieren Sie die Verbraucher über die wirtschaftlichen und ökologischen Vorteile des Eigenverbrauchs und der Integration erneuerbarer Energien.

Die Optimierung des Eigenverbrauchs und die Integration von erneuerbaren Energien ist ein entscheidender Schritt in Richtung einer nachhaltigeren und widerstandsfähigeren Energiezukunft. Durch die Umsetzung innovativer Strategien, einschließlich der Verbesserung von Energiespeichertechnologien, der Einführung dynamischer Tarife, der Förderung fortschrittlicher Energiemanagementsysteme und der aktiven Einbeziehung von Gemeinden, kann eine effizientere Nutzung erneuerbarer Energieressourcen erreicht werden. Insbesondere Wärmepumpen spielen in diesem Szenario eine wichtige Rolle. Sie bieten nicht nur eine effiziente Methode zum Heizen und Kühlen, sondern auch ein Mittel zur Ergänzung und Optimierung der Nutzung von Solarenergie und anderen erneuerbaren Energiequellen. Dieser Ansatz verringert nicht nur die Abhängigkeit von fossilen Brennstoffen, sondern trägt auch zu erheblichen Kosteneinsparungen für die Verbraucher bei und fördert gleichzeitig die ökologische Nachhaltigkeit. Mit der fortschreitenden technologischen Entwicklung und der zunehmenden Unterstützung durch die Behörden und die Gesellschaft wird die Integration von KWK mit erneuerbaren Energiequellen zu einer zunehmend zugänglichen und vorteilhaften Lösung für eine Vielzahl von Wohn-, Gewerbe- und Industriegebieten.

KAPITEL 8

INNOVATIONEN UND ZUKÜNFTIGE TRENDS BEI WÄRMEPUMPEN

Im Bereich der Wärmepumpen (KWK) verändert sich die technologische Landschaft ständig, angetrieben von einem unablässigen Bedarf an Innovation und einer wachsenden Nachfrage nach nachhaltigen Lösungen für die Raumheizung und -kühlung. Wärmepumpen, die seit langem für ihre entscheidende Rolle bei der Energieeffizienz bekannt sind, befinden sich im Wandel. Neue Trends und Innovationen versprechen, die Zukunft des Sektors neu zu definieren.

Die aufkommenden Innovationen im Bereich der DCPs umfassen eine Vielzahl von Aspekten, von der Forschung und Entwicklung neuer Materialien und Komponenten, die darauf abzielen, die Grenzen der Effizienz noch weiter zu verschieben, bis hin zur Entwicklung von Kältemitteln mit dem Schwerpunkt auf Umweltverträglichkeit und Nachhaltigkeit. Diese Fortschritte sind unerlässlich, um den Herausforderungen des Klimawandels und der Notwendigkeit einer sauberen und erneuerbaren Energieversorgung zu begegnen.

Die Integration von PoC mit der Energieinfrastruktur der Zukunft ist ein weiterer wichtiger Trend. Intelligente Netze und erneuerbare Energiequellen eröffnen neue Möglichkeiten für das Energiemanagement, und PoCs stehen im Mittelpunkt dieses Integrationsprozesses. In diesem Kapitel wird untersucht, wie PoCs in Synergie mit diesen aufkommenden Technologien arbeiten können, um die Energienutzung zu optimieren und ein widerstandsfähigeres und flexibleres Stromnetz zu unterstützen.

Das Aufkommen von künstlicher Intelligenz und maschinellem Lernen bietet ebenfalls neue Möglichkeiten zur Verbesserung der Leistung von DCPs. Diese Technologien können dabei helfen, den Betrieb von MDEs vorherzusagen und anzupassen, um die Effizienz zu maximieren und den Energieverbrauch zu senken. Die Einführung von hybriden MDE-Systemen, die verschiedene Energiequellen kombinieren, ist ein weiterer Schritt hin zu einem vielseitigeren und robusteren Energiesystem.

Wir werden uns auch mit der entscheidenden Frage der langfristigen Nachhaltigkeit befassen, indem wir Strategien für das Recycling und die Materialrückgewinnung von MDE am Ende des Lebenszyklus analysieren. Dieser zirkuläre Ansatz ist der Schlüssel, um den ökologischen Fußabdruck der Industrie zu minimieren und sicherzustellen, dass PDCs eine wirklich nachhaltige Lösung sind.

Schließlich wirft das Kapitel einen Blick in die Zukunft und stellt sich vor, wie PoC in die Architektur und Stadtplanung von morgen integriert werden könnten, um Städte und Lebensräume zu schaffen, die nicht nur energieeffizient sind, sondern auch mit ihrer Umgebung harmonieren. Anhand von Fallstudien, staatlichen Maßnahmen und internationalen Kooperationen zeichnen wir ein Bild von den Zukunftsaussichten der LCPs und zeigen ihr Potenzial auf, die Art und Weise, wie wir leben und mit Energie umgehen, zu verändern.

ENTWICKLUNG NEUER MATERIALIEN UND KOMPONENTEN ZUR VERBESSERUNG DER EFFIZIENZ

Die Entwicklung neuer Materialien und Komponenten ist ein entscheidender Aspekt der Innovation bei Wärmepumpen (KWK), um die Effizienz und Leistung dieser Systeme zu verbessern. Die Forschungs- und Entwicklungsanstrengungen in diesem Bereich konzentrieren sich auf mehrere Bereiche, von der Verringerung der Wärmeverluste und der Verbesserung der Wärmeübertragung bis hin zur Erhöhung der Lebensdauer und der Senkung der Betriebskosten.

Fortschrittliche Materialien für Wärmetauscher stehen beispielsweise im Mittelpunkt vieler Studien. Materialien mit hoher Wärmeleitfähigkeit können die Wärmeübertragung zwischen den Wärmetausch- ermedien verbessern und so die Gesamteffizienz des Wärmetauschers erhöhen. Neue Metalllegier- ungen und Verbundwerkstoffe werden erforscht, ebenso wie Oberflächenbehandlungen, die Frostbild- ung und Fouling minimieren können, zwei Faktoren, die die Effizienz von Wärmetauschern verringern.

Parallel dazu werden neue Arten von Kältemitteln mit niedrigem Treibhauspotenzial (GWP) und ohne negative Auswirkungen auf die Ozonschicht entwickelt. Diese neuen Kältemittel sind so konzipiert, dass sie effizienter arbeiten und mit den vorhandenen Materialien kompatibel sind, so dass die Not- wendigkeit, PoC-Systeme neu zu gestalten, minimiert wird.

Auch bei den Kompressoren, die das Herzstück der PDCs sind, gibt es bedeutende Innovationen. Es werden effizientere Kompressoren entwickelt, die über einen breiteren Temperatur- und Druckbereich arbeiten können. Diese neuen Kompressoren können sich besser an Lastschwankungen anpassen und dazu beitragen, den Energieverbrauch von MDEs zu senken.

Die Optimierung des Designs und die Miniaturisierung von Komponenten ist ein weiterer wichtiger Aspekt. Kleinere, effizientere Komponenten können die Gesamtgröße von MDEs verringern, wodurch sie sich besser für Installationen in engen Räumen eignen und ihre Anwendbarkeit in einer Vielzahl von Umgebungen erhöhen.

Schließlich richtet sich die Aufmerksamkeit auch auf die Verwendung nachhaltiger und recycelbarer Materialien bei der Herstellung von PDCs. Die Industrie erforscht die Verwendung von Biokunststoffen und recycelten Materialien, um die Umweltbelastung zu verringern und die Kreislaufwirtschaft im Heiz- und Kühlsektor zu fördern.

Zusammenfassend lässt sich sagen, dass die Entwicklung neuer Materialien und Komponenten ein Eckpfeiler für die Zukunft der Wärmepumpen ist. Diese technologischen Fortschritte versprechen, die Energieeffizienz zu erhöhen, die Umweltbelastung zu verringern und den Anwendungsbereich von Wärmepumpen zu erweitern, was einen immer schnelleren Übergang zu nachhaltigen Heiz- und Kühlsystemen ermöglicht. Mit einem kontinuierlichen Engagement für Forschung und Innovation werden Wärmepumpen immer effizienter und erschwinglicher werden und einen wichtigen Beitrag zur globalen Energieentwicklung leisten.

DIE ROLLE VON KÜNSTLICHER INTELLIGENZ UND MASCHINELLEM LERNEN BEI DER VERBESSERUNG DER LEISTUNG VON PDC

Künstliche Intelligenz (KI) und maschinelles Lernen (ML) revolutionieren die Art und Weise, wie wir mit Technologie interagieren und spielen eine immer wichtigere Rolle bei der Verbesserung der Leistung von Wärmepumpen (BHKW). Diese fortschrittlichen Technologien bieten eine noch nie dagewesene Möglichkeit, die Energieeffizienz, die Funktionalität und das gesamte Management von Wärmepumpen zu optimieren.

KI und ML ermöglichen es, große Mengen an Betriebsdaten in Echtzeit zu analysieren, aus dem Verhalten von MDE-Systemen zu lernen und sich anzupassen, um deren Betrieb zu optimieren. Dieses kontinuierliche Lernen kann Energienutzungsmuster erkennen und den Heiz- und Kühlbedarf auf der Grundlage von Variablen wie Wetterbedingungen, Raumbelegung und Nutzergewohnheiten vorhersagen.

Die Integration von KI in Wärmepumpen kann zu einer automatischen und präziseren Regulierung der Betriebszyklen führen, was den Energieverbrauch senkt und den Komfort der Bewohner erhöht. Ein PoC-System könnte zum Beispiel lernen, einen Raum auf der Grundlage von Wettervorhersagen oder Gebäudenutzungsmustern vorzuheizen oder vorzukühlen und so bei Bedarf eine angenehme Temperatur zu gewährleisten und Energie zu sparen, wenn sie nicht benötigt wird.

Darüber hinaus kann die KI die vorausschauende Wartung von MDEs verbessern. Durch die Analyse von Betriebsdaten kann KI Anomalien erkennen und auf Komponenten hinweisen, die möglicherweise gewartet werden müssen, bevor es zu Ausfällen kommt. Dies kann nicht nur die Lebensdauer von MDEs verlängern, sondern auch Ausfallzeiten und Wartungskosten minimieren und eine gleichbleibende und zuverlässige Leistung sicherstellen.

Maschinelles Lernen ist auch ein wertvolles Werkzeug für die Simulation und Optimierung von MDE-Designs. Mithilfe von historischen Daten und Simulationsmodellen können Ingenieure virtuell mit verschiedenen Konfigurationen und Einstellungen experimentieren, um die effizientesten Lösungen zu ermitteln, bevor sie diese in der realen Welt umsetzen.

Die Fähigkeit der KI zur Integration mit anderen Technologien wie Gebäude-Energie-Management-Systemen (BEMS) und intelligenten Stromnetzen ermöglicht es den MDEs, innerhalb eines breiteren Energie-Ökosystems synergetisch zu arbeiten. Das bedeutet, dass die MDEs nicht nur ihren eigenen Betrieb optimieren, sondern auch aktiv zur Ausgewogenheit und Effizienz des gesamten Energienetzes beitragen können.

Die Rolle von künstlicher Intelligenz und maschinellem Lernen bei der Verbesserung der Leistung von Wärmepumpen ist bedeutend und wächst. Diese fortschrittlichen Technologien ermöglichen ein neues Maß an Energieeffizienz, Zuverlässigkeit und betrieblicher Intelligenz bei BoPs, die unerlässlich sind, um den Energiebedarf der Gegenwart und Zukunft auf nachhaltige und innovative Weise zu decken. Mit der weiteren Entwicklung von KI und ML sind weitere Verbesserungen zu erwarten, die Wärmepumpen in der globalen Energieentwicklung noch wichtiger machen werden.

HYBRIDE PDC-SYSTEME: KOMBINATION VON ERNEUERBAREN ENER-GIEQUELLEN

Hybride Wärmepumpensysteme (KWK) stellen eine vielversprechende Entwicklung im Heiz- und Kühlsektor dar, da sie erneuerbare Energiequellen mit konventioneller KWK-Technologie kombinieren können. Diese hybride Integration führt zu einer Reihe von Vorteilen in Bezug auf Energieeffizienz, reduzierte Emissionen und erhöhte betriebliche Flexibilität und trägt so zum Ziel einer nachhaltigen Energiezukunft bei.

Ein hybrides KWK-System kann erneuerbare Energiequellen wie Solarthermie, Photovoltaik, Wind oder sogar Biomasse mit einem elektrischen KWK-System kombinieren. Auf diese Weise kann erneuerbare Energie genutzt werden, wenn sie verfügbar ist, wodurch die Abhängigkeit vom Stromnetz verringert und der Verbrauch nicht erneuerbarer Energiequellen minimiert wird.

Die Kombination verschiedener Energiequellen ermöglicht es Hybridsystemen, sich an wechselnde klimatische Bedingungen und den Energiebedarf anzupassen. In Zeiten reichlicher Sonneneinstrahlung kann ein Hybridsystem beispielsweise die Sonnenenergie nutzen, um den DCP direkt mit Strom zu versorgen, oder um über Photovoltaikmodule Strom zu erzeugen. Wenn die Sonnenenergie nicht ausreicht, kann das System automatisch auf die Nutzung von Netzstrom oder anderen integrierten erneuerbaren Quellen umschalten.

Ein weiterer bedeutender Vorteil von hybriden PoC-Systemen ist ihre Fähigkeit, sowohl Heizung als auch Kühlung effizienter bereitzustellen. Der PdC kann in den wärmeren Monaten zur Kühlung verwendet werden, während in den kälteren Jahreszeiten die Wärmeenergie direkt aus erneuerbaren Quellen bezogen werden kann, wobei der PdC nur bei Bedarf eingreift. Dadurch wird nicht nur die Nutzung der verfügbaren Ressourcen optimiert, sondern auch die Umweltbelastung und die Betriebskosten für den Endverbraucher reduziert.

Darüber hinaus können Hybridsysteme so konzipiert werden, dass sie mit Energiespeichersystemen wie Batterien oder Wärmespeichern kombiniert werden können. So kann überschüssige erneuerbare Energie für eine spätere Nutzung gespeichert werden, was eine konstante Energieversorgung gewährleistet und die Abhängigkeit von den traditionellen Stromnetzen weiter verringert.

Hybride PoC-Systeme erfordern auch ein intelligentes Management, um den Gesamtbetrieb zu optimieren. Der Einsatz fortschrittlicher Steuerungssysteme und intelligenter Algorithmen ermöglicht die Überwachung von Umweltbedingungen, Wettervorhersagen, Energiepreisen und Nutzerbedürfnissen in Echtzeit und passt den Systembetrieb dynamisch an, um die Effizienz zu maximieren und die Kosten zu minimieren.

Hybride PoC-Systeme bieten eine vielseitige und hocheffiziente Energielösung, die perfekt für die Entwicklung hin zu einer nachhaltigeren Energiearchitektur geeignet ist. Mit ihrer Fähigkeit, verschiedene erneuerbare Energiequellen zu integrieren und zu optimieren, eröffnen hybride Systeme neue Wege für eine Zukunft, in der Energieeffizienz und geringere Umweltbelastung Hand in Hand mit technologischem Fortschritt und Innovation gehen.

STRATEGIEN FÜR DAS RECYCLING UND DIE STOFFLICHE VERWERTUNG VON WÄRMEPUMPEN AM ENDE IHRES LEBENSZYKLUS

Strategien für das Recycling und die stoffliche Verwertung von Wärmepumpen (BHKWs) am Ende ihres Lebenszyklus sind der Schlüssel zur Verringerung der Umweltbelastung und zur Förderung einer Kreislaufwirtschaft im Heiz- und Kühlsektor. Mit dem zunehmenden Fokus auf Nachhaltigkeit und verantwortungsvollem Ressourcenmanagement ist es unerlässlich, effektive Methoden für die Behandlung von Wärmepumpen am Ende ihres Lebenszyklus zu entwickeln und umzusetzen.

Das Recycling von Leiterplatten beginnt mit dem Design der Produkte selbst. Es ist wichtig, dass die Leiterplatten mit Blick auf das Ende ihrer Verwendung entworfen werden, um die Demontage und Trennung der Materialien zu erleichtern. Dieses recyclingorientierte Design kann die Verwendung von standardisierten Komponenten, wiederverwertbaren Materialien und Baugruppen beinhalten, die keine dauerhaften Klebstoffe oder nicht-reversible Verbindungstechniken erfordern.

Wenn der Lebenszyklus von MDEs vorbei ist, ist ein Demontageprozess erforderlich, um die Materialien sicher und effizient zurückzugewinnen und zu trennen. Metalle, wie Kupfer und Stahl, können leicht recycelt und in neuen Produkten wiederverwendet werden. Ebenso müssen Kunststoffe und andere nicht-metallische Materialien getrennt und verarbeitet werden, um wieder in den Produktionskreislauf aufgenommen zu werden.

Die Behandlung von Kühlmitteln ist eine weitere kritische Komponente des PoC-Recyclingprozesses. Die in PCBs verwendeten Kühlmittel können erhebliche Auswirkungen auf die Umwelt haben, wenn sie nicht ordnungsgemäß behandelt werden. Daher muss sichergestellt werden, dass sie zurückgewonnen und nach Protokollen entsorgt oder recycelt werden, die ihre Freisetzung in die Atmosphäre verhindern.

Um die Effizienz des Recyclings und der Materialrückgewinnung zu maximieren, ist es sinnvoll, spezielle Infrastrukturen und Dienstleistungen zu entwickeln. Dazu können spezialisierte Sammelzentren, fortschrittliche Technologien für die Behandlung und Trennung von Materialien sowie Partnerschaften mit Recyclingunternehmen und anderen Akteuren der Branche gehören.

Die Rückverfolgbarkeit von Materialien während des gesamten Lebenszyklus von Leiterplatten ist ebenfalls entscheidend für eine effektive Recyclingstrategie. Der Einsatz von Datenverwaltungssystemen zur Verfolgung der Herkunft und des Verbleibs von Materialien kann dazu beitragen, dass sie verantwortungsvoll und transparent recycelt werden.

Schließlich ist es wichtig, Strategien und Vorschriften zu entwickeln, die das Recycling und die stoffliche Verwertung von PCBs unterstützen. Dazu können Anreize für Unternehmen gehören, die nachhaltige Praktiken anwenden, strengere Standards für das Recycling von Altprodukten und Initiativen, die die Forschung und Entwicklung innovativer Recyclingtechnologien fördern.

Eine gut durchdachte Strategie für das Recycling und die stoffliche Verwertung von Leiterplatten ist entscheidend für die Minimierung der Umweltauswirkungen und die Förderung eines nachhaltigen Ansatzes in diesem Sektor. Durch ein recyclingorientiertes Design, effiziente Demontage- und Behandlungsprozesse, eine angemessene Infrastruktur und politische Unterstützung kann eine Kreislaufwirtschaft erreicht werden, die nicht nur Abfälle reduziert und Ressourcen schont, sondern auch zur Schaffung einer nachhaltigen Energiezukunft beiträgt.

FALLSTUDIE: ANALYSE VON ERFOLGREICHER PDC IN STÄDTISCHEN UND LÄND-LICHEN UMGEBUNGEN

Die Analyse von Fallstudien über den Einsatz von Wärmepumpen (BHKWs) in städtischen und ländlichen Gebieten gibt einen konkreten Einblick in die Auswirkungen und den Erfolg dieser Technologie im Heiz- und Kühlsektor. Diese Fallstudien verdeutlichen, wie Wärmepumpen an spezifische Umgebungen und Anforderungen angepasst und optimiert werden können und zeigen greifbare Ergebnisse und langfristige Vorteile.

In städtischen Gebieten werden Wärmepumpen oft in Wohn- und Geschäftsgebäude integriert, um eine effiziente und umweltfreundliche Lösung für die Klimatisierung zu bieten. Ein erfolgreiches Beispiel ist ein Apartmentkomplex in einer Großstadt, in dem Wärmepumpen installiert wurden, um alte Gasheizungen zu ersetzen. Dank dieser Umstellung konnte der Komplex seine Energiekosten und CO_2-Emissionen erheblich senken. Durch die Integration intelligenter Energiemanagementsysteme wurde der Energieverbrauch optimiert und die Heizung und Kühlung an die Gewohnheiten der Bewohner und die Wetterbedingungen angepasst, was zu mehr Komfort und Nachhaltigkeit führt.

In einem ländlichen Kontext können Wärmepumpen eingesetzt werden, um verfügbare natürliche Ressourcen wie Grundwasser oder Boden für geothermische Heizung oder passive Kühlung zu nutzen. Eine Fallstudie kann einen Bauernhof veranschaulichen, der eine geothermische Wärmepumpe zur Klimatisierung der landwirtschaftlichen Gebäude und zur Beheizung der Gewächshäuser eingesetzt hat. Die konstante und erneuerbare geothermische Energie hat den Bauernhof unabhängiger von fossilen Brennstoffen gemacht und dazu beigetragen, die Umweltauswirkungen seines Betriebs zu verringern.

In Fallstudien kann auch die Rolle von Wärmepumpen bei energetischen Sanierungsprojekten in benachteiligten Stadtgebieten oder abgelegenen ländlichen Gemeinden untersucht werden. So könnte beispielsweise ein städtisches Viertel durch die Einführung hocheffizienter Wärmepumpen als Ersatz für alte Zentralheizungssysteme saniert werden. Diese Maßnahme könnte zu erheblichen Vorteilen in Bezug auf die Energieeffizienz, die Verringerung der Umweltverschmutzung und die Verbesserung der Lebensqualität der Bewohner führen.

In einer abgelegenen ländlichen Gemeinde könnte die Einführung von KWK-Anlagen mit der Erzeugung erneuerbarer Energien, wie z.B. der Photovoltaik, kombiniert werden, um ein unabhängiges lokales Energiesystem zu schaffen. Dies hätte den doppelten Vorteil, dass die Einwohner mit sauberer und zuverlässiger Energie versorgt werden und gleichzeitig ihre Abhängigkeit von den nationalen Energienetzen und den damit verbundenen Kosten verringert wird.

Abschließend zeigen die Fallstudien über die erfolgreiche Analyse von PdC in städtischen und ländlichen Kontexten die Vielseitigkeit und Wirksamkeit dieser Technologie in einer Vielzahl von Umgebungen. Von dynamischen Städten bis hin zu ruhigen ländlichen Gegenden spielt PdC eine Schlüsselrolle in der Entwicklung hin zu einer nachhaltigeren Energiezukunft und zeigt, wie innovative Lösungen auf die spezifischen Bedürfnisse jeder Gemeinschaft zugeschnitten werden können, um die Lebensqualität zu verbessern und die Umweltbelastung zu verringern.

STAATLICHE POLITIK UND ANREIZE ZUR FÖRDERUNG DER VERWENDUNG VON DCPS

Staatliche Maßnahmen und Anreize spielen eine Schlüsselrolle bei der Förderung des Einsatzes von Wärmepumpen (KWK) als Teil des Übergangs zu einer nachhaltigeren Energiezukunft. Diese Initiativen sind wichtig, um sowohl Verbraucher als auch Unternehmen zu ermutigen, in effiziente und umweltfreundliche Heiz- und Kühllösungen zu investieren. Durch eine Kombination aus finanziellen Anreizen, Vorschriften, Subventionsprogrammen und Informationskampagnen können die Regierungen eine breitere Akzeptanz von Wärmepumpen anregen und die Fortschritte bei der Erreichung der Ziele für Emissionsreduzierung und Energieeffizienz beschleunigen.

Finanzielle Anreize wie Steuergutschriften, Abzüge oder direkte Subventionen gehören zu den gängigsten Strategien, die von Regierungen eingesetzt werden, um die Installation von DCPs zu fördern. Diese Anreize können die anfänglichen Kosten für den Kauf und die Installation von DCPs erheblich senken und sie zu einer erschwinglicheren Option für Hausbesitzer, Unternehmen und Organisationen machen. Ein Anreizprogramm könnte zum Beispiel einen Steuerabzug für einen bestimmten Prozentsatz der Kosten für die Installation eines DCP oder direkte Subventionen zur Deckung eines Teils der Kauf- und Installationskosten bieten.

Die Regierungspolitik kann auch Vorschriften enthalten, die Mindeststandards für die Energieeffizienz bei Neubauten oder umfangreichen Renovierungen festlegen. Diese Standards können den Einsatz effizienter Heiz- und Kühltechnologien, wie z. B. Wärmepumpen, vorschreiben, um sicherzustellen, dass Gebäude von Anfang an mit dem Fokus auf energetische Nachhaltigkeit entworfen werden.

Zuschuss- und Finanzierungsprogramme können auf bestimmte Sektoren oder Gemeinden ausgerichtet sein, wie z.B. ländliche Gebiete oder einkommensschwache Gemeinden, in denen der Zugang zu nachhaltigen Energielösungen möglicherweise eingeschränkt ist. Diese Programme können Zuschüsse anbieten, um einen Teil der Kosten für die Installation von MDEs zu decken oder zinsgünstige Finanzierungen bereitstellen, um die Einführung dieser Technologie zu erleichtern.

Informations- und Aufklärungskampagnen spielen eine wichtige Rolle bei der Sensibilisierung der Öffentlichkeit für die Vorteile von PSM. Diese Kampagnen können Informationen über die Vorteile in Bezug auf Energieeinsparungen, reduzierte Treibhausgasemissionen und verbesserten Wohnkomfort sowie Einzelheiten über die verschiedenen verfügbaren Anreize und Subventionsprogramme enthalten.

Schließlich kann die Zusammenarbeit zwischen Regierungen und der Industrie die Forschung und Entwicklung von fortschrittlicheren und erschwinglicheren PoC-Technologien fördern. Diese Zusammenarbeit kann zu technologischen Innovationen führen, die die Effizienz verbessern, die Kosten senken und die PDCs zu einer noch attraktiveren Lösung für eine breite Palette von Anwendungen machen.

Durch eine Kombination aus finanziellen Anreizen, Vorschriften, Subventionsprogrammen und Informationskampagnen können Regierungen eine entscheidende Rolle bei der Förderung der Einführung von Wärmepumpen spielen. Diese Maßnahmen und Initiativen erleichtern nicht nur den Zugang zu nachhaltigen Heiz- und Kühllösungen, sondern tragen auch zu lokalen und globalen Umweltzielen bei und beschleunigen den Übergang zu einer sauberen und nachhaltigen Energiezukunft.

INTERNATIONALE KOOPERATIONEN ZUR STANDARDISIERUNG VON WÄRMEPUMPENTECHNOLOGIEN

Die internationale Zusammenarbeit zur Standardisierung von Wärmepumpentechnologien (KWK) ist ein wichtiger Aspekt in der Entwicklung dieses Sektors. Diese Kooperationen, an denen Regierungen, Forschungsinstitute, die Industrie und Nichtregierungsorganisationen beteiligt sind, zielen darauf ab, einen gemeinsamen Rahmen für die Entwicklung, Bewertung und Implementierung von Wärmepumpen zu schaffen. Die Harmonisierung von Standards auf globaler Ebene kann den Wissensaustausch erleichtern, Innovationen fördern und sicherstellen, dass die KWK effizient, sicher und international zugänglich ist.

Einer der wichtigsten Aspekte der internationalen Zusammenarbeit ist die Entwicklung gemeinsamer technischer Standards. Diese Standards können sich auf verschiedene Komponenten von DCPs beziehen, wie Energieeffizienz, Luftqualität in Innenräumen, Geräuschpegel und und Anreizen für PoC fördern. Gemeinsam können die Länder kohärente Strategien entwickeln, um den Einsatz von KKPs zu fördern, wie z.B. steuerliche Anreize, Subventionen, Zuschussprogramme und öffentliche Sensibilisierungskampagnen. Dieser koordinierte Ansatz kann die Akzeptanz von KKPs erhöhen und den Wechsel zu nachhaltigeren Heiz- und Kühlsystemen beschleunigen.

Schließlich ist die internationale Zusammenarbeit von entscheidender Bedeutung, um Fragen der Zugänglichkeit und Gerechtigkeit anzugehen. Wenn sichergestellt wird, dass PoC-Technologien verfügbar und an verschiedene Kontexte, einschließlich Entwicklungsländer und abgelegene Gemeinden, anpassbar sind, kann dies dazu beitragen, die globale Energielücke zu verringern und eine integrative Energiewende zu fördern.

Internationale Kooperationen zur Standardisierung von Wärme- und Kühltechnologien sind der Schlüssel, um sicherzustellen, dass diese Energielösung weltweit effizient, zuverlässig und erschwinglich ist. Durch die gemeinsame Nutzung von Standards, Forschung, Strategien und Innovationen kann im Wärme- und Kältesektor ein bedeutender Einfluss erzielt werden, der zu einer nachhaltigeren und gerechteren Energiezukunft für alle beiträgt.

Betriebssicherheit. Durch die Standardisierung dieser Aspekte kann sichergestellt werden, dass CoPs, die in verschiedenen Teilen der Welt produziert und installiert werden, bestimmte

Qualitäts- und Leistungsanforderungen erfüllen.

Internationale Kooperationen können sich auch auf die Harmonisierung von Prüf- und Zertifizierungsmethoden für MDEs konzentrieren. Dazu gehört die Einführung standardisierter Verfahren zur Messung der Energieeffizienz, zur Bewertung der Umweltauswirkungen und zur Überprüfung der Einhaltung lokaler Vorschriften. Eine einheitliche Prüfmethodik ist von entscheidender Bedeutung, um sicherzustellen, dass MDEs fair und transparent bewertet werden, um Produktvergleiche zu erleichtern und die Wettbewerbsfähigkeit auf der Grundlage von Qualität und Innovation zu fördern.

Ein weiteres wichtiges Ziel der internationalen Zusammenarbeit ist der Austausch von Forschung und technologischen Innovationen. Dieser Wissensaustausch kann die Entwicklung neuer Lösungen für MDEs beschleunigen, z. B. fortschrittliche Materialien, umweltfreundliche Kältemittel und intelligente Kontrollsysteme. Die Zusammenarbeit in Forschung und Entwicklung kann auch dazu beitragen, gemeinsame Herausforderungen zu bewältigen, wie z.B. die Senkung der Kosten und die Steigerung der Effizienz unter extremen Klimabedingungen.

Darüber hinaus kann die internationale Zusammenarbeit die Verabschiedung von Strategien

ZUKUNFTSVISIONEN: DIE ROLLE VON PDC IN ARCHITEKTUR UND NACHHALTIGER STADTENTWICKLUNG

Zukunftsvisionen über die Rolle von Wärmepumpen (PdC) in der nachhaltigen Architektur und im Städtebau skizzieren eine Landschaft, in der diese Technologien nicht nur funktionale Komponenten von Gebäuden sind, sondern Schlüsselelemente bei der Verwirklichung effizienterer, komfortabler und umweltfreundlicher Lebensumgebungen. Dank ihrer Vielseitigkeit und Energieeffizienz werden PdC eine immer wichtigere Rolle bei der Gestaltung nachhaltiger städtischer und ländlicher Räume spielen.

Im Zusammenhang mit nachhaltiger Architektur gelten CoPs als ideale Lösungen für das Heizen und Kühlen von Gebäuden, die hohe Energieeffizienzstandards erreichen und die Umweltbelastung reduzieren sollen. Die Integration von CoPs in umweltfreundliche Bauprojekte, wie z.B. Near-Zero-Energy-Buildings (nZEB) oder Passivhäuser, ermöglicht die Maximierung der Wärmedämmung und die optimale Nutzung natürlicher Ressourcen, wie z.B. Außenluft oder Erdwärme, für Heizung und Kühlung.

In städtischen Gebieten können Wärmepumpen in Planungsstrategien integriert werden, die darauf abzielen, widerstandsfähige und energieautarke Gemeinschaften zu schaffen. Insbesondere die Einführung von Fernwärme- und Fernkältenetzen, die von zentralen Heizkraftwerken betrieben werden, bietet einen effizienten Ansatz für die Versorgung ganzer Stadtteile oder Wohnsiedlungen mit Wärmeenergie. Dieses System optimiert nicht nur die Energienutzung, sondern reduziert auch die Notwendigkeit, in jedem Gebäude individuelle Einheiten zu installieren.

Wärmepumpen spielen auch bei der energetischen Sanierung bestehender Gebäude eine wichtige Rolle. In vielen Städten kann die Nachrüstung historischer Gebäude oder alter Wohnsiedlungen mit Wärmepumpen erheblich zur Verbesserung der Energieeffizienz und zur Reduzierung der Treibhausgasemissionen beitragen. Dieser Übergang zu moderneren und nachhaltigeren Heiz- und Kühlsystemen ist ein wichtiger Schritt, um die Klimaziele zu erreichen und die Lebensqualität in den Städten zu verbessern.

Für die Zukunft wird erwartet, dass PoCs zunehmend mit anderen fortschrittlichen Technologien wie künstlicher Intelligenz, Gebäudeenergiemanagementsystemen (BEMS) und erneuerbaren Energiequellen integriert werden. Diese Integration wird es ermöglichen, den Betrieb der MDEs entsprechend den Umgebungsbedingungen und den Bedürfnissen der Bewohner zu optimieren und so die Effizienz und den Komfort von Gebäuden weiter zu verbessern.

Zusammenfassend lässt sich sagen, dass die Rolle von DCPs in der nachhaltigen Architektur und im Städtebau zunehmen wird. Sie tragen zur Schaffung von Lebensräumen bei, die nicht nur energieeffizient sind, sondern auch das Wohlbefinden der Bewohner verbessern und die Umweltbelastung reduzieren. Ihre Flexibilität, Effizienz und Fähigkeit zur Integration mit anderen nachhaltigen Lösungen machen sie zu einer Schlüsselkomponente bei der Gestaltung von Städten und Gemeinden der Zukunft, in denen Energieeffizienz und Nachhaltigkeit mit Stadtentwicklung und Lebensqualität Hand in Hand gehen.

SCHLUSSFOLGERUNGEN

Beim Abschluss der Studie über Wärmepumpen wird deutlich, dass diese Technologien nicht nur Werkzeuge für effizientes Heizen und Kühlen sind, sondern auch grundlegende Säulen in einem sich schnell entwickelnden Energie-Ökosystem. Die aus der Analyse der Wärmepumpen gewonnenen Erkenntnisse geben einen Überblick über effektive Strategien, die die Branche in Richtung Energieeffizienz und Nachhaltigkeit gebracht haben.

Dazu gehören innovative Ansätze bei Design, Installationstechniken und Integration mit intelligenten Energiesystemen sowie eine sorgfältige Verwaltung der Energieressourcen.

Mit Blick auf die Zukunft steht der PoC-Sektor an einem Scheideweg bedeutender technologischer Entwicklungen. Fortschritte bei der Effizienz, Kostenreduzierung und neue Funktionalitäten werden voraussichtlich den Weg für eine weit verbreitete Einführung von PDCs ebnen. Es wird erwartet, dass Innovationen bei Materialien, Design und Kontrollsystemen die Leistung und Attraktivität von PDCs weiter steigern werden. Insbesondere die Integration von Wärmepumpen mit erneuerbaren Energiequellen ist von wachsendem Interesse und verspricht, die Abhängigkeit von fossilen Brennstoffen weiter zu verringern und zum Kampf gegen den Klimawandel beizutragen.

Die Rolle von DCPs im Kontext der globalen Energieentwicklung wird sich ausweiten. Mit der zunehmenden Betonung von Nachhaltigkeit und Energieeffizienz entwickeln sich PoCs zu Schlüssellösungen bei der Umstellung auf erneuerbare Energiequellen und umweltfreundlichere Heiz- und Kühlsysteme. Diese Rolle ist besonders wichtig im Hinblick auf die globalen Klimaziele und die Notwendigkeit, die Treibhausgasemissionen zu reduzieren.

Ein weiterer wichtiger Aspekt ist die Integration von MDEs mit neuen Technologien wie künstlicher Intelligenz und dem Internet der Dinge. Diese Synergie verspricht, das Energiemanagement zu revolutionieren, indem es effizienter und automatisierter wird und besser auf die Bedürfnisse der Verbraucher und des Netzes reagiert.

Innovationen in diesen Bereichen bieten spannende Möglichkeiten für die MDE-Branche, mit potenziellen Vorteilen in Form von reduzierten Betriebskosten, verbessertem Energiebedarfsmanagement und optimiertem Eigenverbrauch.

Der Weg in die Zukunft birgt jedoch auch Herausforderungen. Die Anpassung an sich ändernde Vorschriften, der Bedarf an weiterer Forschung und Entwicklung und der Umgang mit ökologischen und sozialen Belangen sind entscheidende Themen, die angegangen werden müssen. Darüber hinaus ist es bei der Verfolgung des Ziels einer größeren Nachhaltigkeit von entscheidender Bedeutung, die langfristigen Auswirkungen von PoC auf die Umwelt und die Gesellschaft zu berücksichtigen und sicherzustellen, dass die Vorteile gerecht auf die verschiedenen Gemeinschaften verteilt werden.

Zusammenfassend lässt sich sagen, dass die Zukunftsaussichten für Wärmepumpen voller Potenzial und Innovation sind. Mit einem kontinuierlichen Fokus auf technologische Verbesserungen, Nachhaltigkeit und Integration mit anderen aufstrebenden Technologien werden Wärmepumpen eine immer wichtigere Rolle in der globalen Energielandschaft spielen. Ihre Entwicklung wird nicht nur dazu beitragen, eine sauberere und nachhaltigere Energiezukunft zu gestalten, sondern auch neue Möglichkeiten für Volkswirtschaften, Unternehmen und Verbraucher weltweit bieten.

ZUSAMMENFASSUNG DER BESTEN PRAKTIKEN

Die effektive Integration von MDEs in intelligente Stromnetze erweist sich als wichtige Praxis, die einen bedeutenden Schritt vorwärts im optimierten Energiemanagement darstellt. Diese Integration verbessert nicht nur die betriebliche Flexibilität der MDEs, sondern hilft auch dabei, die Belastung des Stromnetzes auszugleichen. MDEs können durch intelligente Steuerungssysteme dynamisch auf Schwankungen von Energieangebot und -nachfrage reagieren, indem sie aktiv an Demand-Response-Programmen teilnehmen. Dies ermöglicht nicht nur erhebliche Energieeinsparungen, sondern auch eine bessere Nutzung der erneuerbaren Ressourcen.

Die Einführung von Energiespeichersystemen, sowohl thermisch als auch elektrisch, ist ein weiterer wichtiger Aspekt. Diese Systeme ermöglichen es, überschüssige Energie zu speichern und dann freizugeben, wenn sie am meisten benötigt wird. Dadurch wird die Abhängigkeit von konventionellen Energiequellen verringert und die Effizienz des Gesamtsystems erhöht. Insbesondere die thermische Speicherung, z. B. in Warmwasserspeichern oder Phasenwechselmaterialien, ist für MDEs besonders effektiv, da sie einen effizienteren und flexibleren Betrieb ermöglichen.

Die richtige Planung und Installation von Wärmepumpen ist entscheidend für eine maximale Effizienz. Dieser Prozess beginnt mit einer sorgfältigen Bewertung des spezifischen Energiebedarfs von Gebäuden und ihrer Umgebung. Die genaue Dimensionierung des Systems ist entscheidend, um Energieverschwendung zu vermeiden und sicherzustellen, dass die Wärmepumpen den Heiz- und Kühlbedarf decken können. Die Wahl des Wärmepumpentyps und des Wärmeverteilungssystems muss sorgfältig geprüft werden, um den spezifischen Bedürfnissen und Eigenschaften des Gebäudes gerecht zu werden.

Die Integration von Wärmepumpen mit erneuerbaren Energiequellen, wie z.B. der Photovoltaik, hat sich als besonders vorteilhaft erwiesen. Diese Kombination verbessert nicht nur die Energieeffizienz, sondern reduziert auch die Umweltauswirkungen des Heiz- und Kühlbetriebs, fördert die Nachhaltigkeit und verringert die Kohlenstoffemissionen. Der Eigenverbrauch von lokal erzeugter erneuerbarer Energie wird zu einer Schlüsselstrategie, um die Energiekosten zu senken und die Energieautonomie von Gebäuden zu erhöhen.

Ein entscheidender Aspekt für die Gewährleistung einer langen Lebensdauer und Effizienz von Wärmepumpen ist der effektive Betrieb und die Wartung. Regelmäßige Wartungspläne und ständige Überwachung sind unerlässlich, um Wärmepumpen in optimalem Zustand zu halten. Dazu gehören die regelmäßige Überprüfung der Komponenten, die Reinigung der Filter und die Kontrolle des Wärmeverteilungssystems. Eine ordnungsgemäße Wartung kann Fehlfunktionen verhindern, Reparaturkosten reduzieren und sicherstellen, dass die Wärmepumpen mit maximaler Effizienz arbeiten.

Die Zusammenfassung der besten Praktiken für MDEs unterstreicht die Bedeutung eines ganzheitlichen und sorgfältigen Ansatzes für alle Phasen, von der Planung und Installation bis hin zu Betrieb und Wartung. Die kontinuierliche technologische Entwicklung und die zunehmende Betonung der Nachhaltigkeit versprechen weitere Verbesserungen und neue Möglichkeiten zur Optimierung der Energieeffizienz und zur Verringerung der Umweltauswirkungen im Heiz- und Kühlsektor. Diese Praktiken stellen nicht nur einen unmittelbaren Nutzen in Bezug auf Energieeffizienz und Kosteneinsparungen dar, sondern auch einen bedeutenden Beitrag zum Übergang in eine nachhaltigere Energiezukunft.

ERWEITERTE ÜBERPRÜFUNG DER WÄRMEDÄMMUNG DES GEBÄUDES

Die fortschrittliche Überprüfung der Wärmedämmung eines Gebäudes ist ein entscheidender Schritt bei der effektiven Planung und Umsetzung von Wärmepumpen (KWK). Eine genaue Bewertung der Wärmedämmung ist nicht nur entscheidend für die Energieeffizienz des Gebäudes, sondern auch für den Komfort der Bewohner und die Reduzierung der Betriebskosten.

Dieser Prozess beginnt mit einer gründlichen Analyse der Gebäudehülle, einschließlich Wände, Dach, Böden, Fenster und Türen. Das Ziel ist es, alle Schwachstellen zu identifizieren, die zu erheblichen Wärmeverlusten führen können. So sind beispielsweise alte oder unzureichend isolierte Fenster oft ein kritischer Punkt für Wärmeverluste, ebenso wie unzureichend dicke Wände oder so genannte Wärmebrücken, d.h. Bereiche, in denen die Isolierung unterbrochen oder weniger wirksam ist.

Um eine genaue Überprüfung durchzuführen, werden fortschrittliche Hilfsmittel wie Wärmebildkameras eingesetzt, um Temperaturschwankungen innerhalb und außerhalb des Gebäudes zu visualisieren. Diese Hilfsmittel sind besonders nützlich, um Bereiche aufzuspüren, in denen Wärme abgeleitet oder angestaut wird. So erhalten Sie ein klares Bild davon, wo Isolierungsarbeiten erforderlich sind.

Neben der Isolierung von Wänden, Fenstern und anderen Oberflächen ist es auch wichtig, das Belüftungssystem des Gebäudes zu berücksichtigen. Eine gute Belüftung ist für die Aufrechterhaltung einer gesunden Raumluftqualität von entscheidender Bedeutung, aber eine übermäßige Belüftung kann zu unnötigem Wärmeverlust führen. Daher ist es wichtig, ein Gleichgewicht zwischen Belüftung und Wärmeschutz zu finden, insbesondere in kalten Klimazonen.

Nachdem die verbesserungsbedürftigen Bereiche identifiziert wurden, werden spezifische Maßnahmen zur Optimierung der Wärmedämmung ergriffen. Dazu können der Einbau neuer Fenster mit Doppel- oder Dreifachverglasung, die Anbringung von Dämmstoffen in den Wänden, im Dach und in den Böden sowie die Aufrüstung oder Optimierung der Lüftungsanlagen gehören. Jede Maßnahme sollte sorgfältig bewertet werden, wobei die Kosten, der langfristige Nutzen und die Auswirkungen auf die Gesamtenergieeffizienz des Gebäudes zu berücksichtigen sind.

Es ist wichtig zu wissen, dass die Überprüfung der Wärmedämmung kein einmaliger Vorgang ist, sondern einen kontinuierlichen Ansatz erfordert. Regelmäßige Wartung und periodische Kontrollen sind unerlässlich, um die Energieeffizienz des Gebäudes auf Dauer zu erhalten. Dazu gehört auch die Überprüfung der vorhandenen Isolierung auf Schäden oder Verschlechterung und die Beurteilung der Wirksamkeit der Lüftungssysteme.

Zusammenfassend lässt sich sagen, dass fortschrittliche Wärmedämmungstests unerlässlich sind, um die Effizienz von DCPs zu maximieren und eine komfortable und gesunde Umgebung für die Bewohner zu gewährleisten. Diese Praxis trägt nicht nur zur Senkung des Energieverbrauchs und der Heiz- und Kühlkosten bei, sondern stellt auch einen wichtigen Schritt hin zu nachhaltigeren und umweltfreundlicheren Gebäuden dar. Durch kontinuierliche Bemühungen zur Optimierung der Wärmedämmung können erhebliche Verbesserungen der Energieeffizienz erzielt werden, deren Vorteile nicht nur für den Einzelnen, sondern auch für die gesamte Gemeinschaft und die Umwelt gelten.

EINHALTUNG DER BRANCHENVORSCHRIFTEN

Die Einhaltung von Branchenvorschriften ist ein wichtiger Aspekt bei der Entwicklung, der Installation und dem Betrieb von Wärmepumpen (KWK). Die Sicherstellung, dass diese Systeme den geltenden Vorschriften entsprechen, gewährleistet nicht nur Sicherheit und Effizienz, sondern ist auch entscheidend für ihre langfristige Akzeptanz und ihren Erfolg.

Zunächst einmal ist es wichtig zu verstehen, dass die Branchenvorschriften je nach geografischer Region und Kontext sehr unterschiedlich sein können. Diese Vorschriften können Anforderungen an die Energieeffizienz, Emissionsstandards, Installationsvorschriften und Sicherheitsrichtlinien umfassen. Darüber hinaus kann es spezielle Vorschriften für die Integration von DCPs mit anderen Technologien geben, wie z.B. intelligente Stromnetze oder Systeme für erneuerbare Energien.

Ein wichtiger Aspekt der Einhaltung von Vorschriften ist die Sicherstellung, dass DCPs die durch lokale oder internationale Vorschriften auferlegten Energieeffizienzstandards erfüllen oder übertreffen. Dies trägt nicht nur zur Verringerung des Energieverbrauchs und der Treibhausgasemissionen bei, sondern kann langfristig auch zu erheblichen wirtschaftlichen Vorteilen für die Verbraucher durch geringere Energiekosten führen.

Darüber hinaus stellen die Branchenvorschriften oft strenge Anforderungen an die Installation und Wartung von PoCs. Diese können technische Spezifikationen für die Installation, Anforderungen an die Qualifikation der Installateure und Richtlinien für die regelmäßige Wartung umfassen. Die Sicherstellung, dass PoCs von qualifiziertem Personal installiert und gewartet werden, ist entscheidend für die Gewährleistung ihrer Sicherheit, Zuverlässigkeit und Leistung im Laufe der Zeit.

Ein weiterer wichtiger Aspekt der Compliance ist die Einhaltung von Umweltvorschriften. PCBs müssen als Heiz- und Kühlsysteme so betrieben werden, dass die Auswirkungen auf die Umwelt minimiert werden. Dazu gehört die Wahl von Kältemitteln mit niedrigem Treibhauspotenzial (GWP) und die Sicherstellung, dass Emissionen jeglicher Art auf ein Minimum beschränkt werden.

Darüber hinaus erfordert die Einhaltung von Branchenvorschriften oft eine detaillierte Dokumentation und Zertifizierung. Dazu können die Registrierung der installierten Systeme, die Leistungszertifizierung und die Dokumentation der Einhaltung von Sicherheits- und Umweltstandards gehören.

Schließlich ist es wichtig, mit den sich entwickelnden Branchenvorschriften Schritt zu halten. Gesetze und Vorschriften können sich schnell ändern, und die MDE-Branche muss in der Lage sein, sich an diese Entwicklungen anzupassen, um die Einhaltung der Vorschriften zu gewährleisten und neue Marktchancen zu nutzen.

Zusammenfassend lässt sich sagen, dass die Einhaltung der Branchenvorschriften ein entscheidendes Element bei der Entwicklung, der Installation und dem Betrieb von MDEs ist. Die Sicherstellung, dass diese Systeme den aktuellen Vorschriften entsprechen, gewährleistet nicht nur ihre Sicherheit und Effizienz, sondern ist auch eine Voraussetzung für ihre Marktakzeptanz und ihren langfristigen Erfolg. Mit einer kontinuierlichen Verpflichtung zur Einhaltung und Anpassung an sich ändernde Vorschriften können Wärmepumpen weiterhin eine effektive und nachhaltige Lösung im Heiz- und Kühlsektor sein.

MÖGLICHE TECHNOLOGISCHE ENTWICKLUNGEN IN DER BRANCHE

Im Bereich der Wärmepumpen (KWK) sind die möglichen technologischen Entwicklungen ein Bereich von großem Interesse und Potenzial. Angesichts der steigenden Nachfrage nach effizienten und umweltfreundlichen Heiz- und Kühllösungen entwickelt sich die Wärmepumpentechnologie ständig weiter, angetrieben von Innovationen, die auf die Verbesserung ihrer Effizienz, Nachhaltigkeit und Integration mit anderen Energietechnologien abzielen.

Eine der vielversprechendsten technologischen Entwicklungen im Bereich der Wärmepumpen ist die Steigerung der Energieeffizienz. Die Forschungs- und Entwicklungsanstrengungen konzentrieren sich auf die Optimierung der Schlüsselkomponenten von Wärmepumpen, wie Kompressoren, Wärmetauscher und Kontrollsysteme. Diese Innovationen zielen darauf ab, den Energieverbrauch von Wärmepumpen zu senken und gleichzeitig ihre Fähigkeit zu verbessern, effizienter zu heizen und zu kühlen.

Ein weiterer Bereich der technologischen Entwicklung betrifft die Verwendung von umweltfreundlichen Kältemitteln. Angesichts der wachsenden Besorgnis über den Klimawandel und die Verringerung der Treibhausgasemissionen erforscht die PoC-Industrie Alternativen zu herkömmlichen Kältemitteln, die ein geringeres Treibhauspotenzial (GWP) haben. Dies könnte die Einführung natürlicher Kältemittel oder die Suche nach neuen chemischen Mischungen umfassen, die umweltfreundlicher sind.

Die Integration von Wärmepumpen mit erneuerbaren Energiequellen ist ein weiterer wichtiger Bereich der technologischen Entwicklung. Wärmepumpen können mit Systemen wie Photovoltaik oder Windkraft kombiniert werden, um vollständig nachhaltige Heiz- und Kühlsysteme zu schaffen. Diese Integration verringert nicht nur die Abhängigkeit von konventionellen Energiequellen, sondern kann auch Vorteile in Form von Energieautarkie und reduzierten Betriebskosten bieten.
Darüber hinaus beginnt die Einführung fortschrittlicher Technologien wie künstliche Intelligenz (KI) und das Internet der Dinge (IoT) eine wichtige Rolle im PoC-Sektor zu spielen. Diese Technologien können die Verwaltung und Steuerung von MDEs verbessern und ermöglichen eine präzisere und reaktionsschnellere Anpassung ihres Betriebs an die Umweltbedingungen und die Bedürfnisse der Nutzer. KI und IoT können auch die vorausschauende Wartung erleichtern, indem sie potenzielle Probleme erkennen, bevor sie schwerwiegend werden, und Ausfallzeiten reduzieren.

Ein weiterer Bereich der Entwicklung ist die Erhöhung der Flexibilität und Modularität von Wärmepumpen. Die neuesten PdC-Systeme sind so konzipiert, dass sie leicht skalierbar sind und sich an unterschiedliche Heiz- und Kühlanforderungen anpassen lassen. Dadurch eignet sich PdC für eine Vielzahl von Anwendungen, von kleinen Wohnumgebungen bis hin zu großen Industriekomplexen.

Die möglichen technologischen Entwicklungen im PoC-Sektor sind breit gefächert und vielfältig. Von der Steigerung der Energieeffizienz bis hin zur Verwendung umweltfreundlicher Kältemittel, von der Integration erneuerbarer Energien bis hin zur Einführung fortschrittlicher Technologien wie KI und IoT - die Innovationen in diesem Sektor zielen darauf ab, MDEs immer effizienter und nachhaltiger zu machen und an die Bedürfnisse einer sich schnell verändernden Welt anzupassen. Diese Entwicklungen verbessern nicht nur die Leistung von MDEs, sondern tragen auch zum Übergang zu einer sauberen und nachhaltigen Energiezukunft bei.

ROLLE DER PUMPEN IM ZUSAMMENHANG MIT DER ENERGIEENTWICK-LUNG

Die Rolle von Wärmepumpen (KWK) im Zusammenhang mit der Energieentwicklung ist von größter Bedeutung, da sie eine wichtige technologische Lösung für den Übergang zu einer nachhaltigeren und kohlenstoffarmen Energiezukunft darstellen. Wärmepumpen entwickeln sich aufgrund ihrer effizienten Funktionsweise und ihrer Fähigkeit, verschiedene Energiequellen zu integrieren, zu wichtigen Akteuren im Bereich der Raumheizung und -kühlung und tragen erheblich zur Verringerung der Umweltbelastung und zur Verbesserung der Energieeffizienz bei.

Einer der bemerkenswertesten Aspekte von Wärmepumpen ist ihre hohe Energieeffizienz. Im Gegensatz zu herkömmlichen Heizsystemen, die Wärme durch die Verbrennung von Brennstoffen erzeugen, übertragen Wärmepumpen die Wärme von einer Quelle zur anderen.
Dieser Prozess, der als Wärmeübertragung bekannt ist, ist im Allgemeinen energieeffizienter als die Wärmeerzeugung. Unter optimalen Bedingungen können DCPs deutlich mehr Wärmeenergie liefern als sie verbrauchen, was zu einem hohen Coefficient of Performance (COP) führt.

Ein weiterer entscheidender Aspekt von Wärmepumpen ist ihre Vielseitigkeit bei der Nutzung verschiedener Energiequellen, was sie besonders für den Bereich der erneuerbaren Energien geeignet macht. Wärmepumpen können mit Strom aus erneuerbaren Quellen wie Photovoltaik oder Windenergie betrieben werden, wodurch sich der CO_2-Fußabdruck beim Heizen und Kühlen von Gebäuden weiter verringert. Darüber hinaus sind einige Wärmepumpen so konzipiert, dass sie erneuerbare Energiequellen wie Geothermie oder Aerothermie direkt nutzen.

Die Integration von PDCs in intelligente Stromnetze ist ein weiterer wichtiger Aspekt ihrer Rolle in der Energieentwicklung. Smart Grids, intelligente Stromnetze, die Informations- und Kommunikationstechnologien zur Optimierung von Energieerzeugung, -verteilung und -verbrauch nutzen, können mit PdCs verbunden werden, um Energieangebot und -nachfrage effizienter zu steuern.

Durch diese Integration können die PDCs effizienter arbeiten und ihren Betrieb an die Verfügbarkeit erneuerbarer Energien und den Spitzenbedarf anpassen.

Darüber hinaus spielen LCPs eine wichtige Rolle im Zusammenhang mit den globalen Klimazielen. Angesichts der wachsenden Notwendigkeit, die Treibhausgasemissionen zu reduzieren, um den Klimawandel zu bekämpfen, bieten LCPs eine effektive Lösung, um die Abhängigkeit von fossilen Brennstoffen im Heiz- und Kühlsektor zu verringern. Ihre Fähigkeit, erneuerbare Energien zu nutzen und mit hoher Effizienz zu arbeiten, macht sie zu einem wichtigen Instrument zur Erreichung der Emissionsreduktionsziele.
Zusammenfassend lässt sich sagen, dass die Rolle von DCPs in der Energieentwicklung entscheidend ist und sich ständig erweitert. Mit ihrer hohen Effizienz, ihrer Flexibilität bei der Nutzung verschiedener Energiequellen, ihrer Integration in intelligente Netze und ihrem Beitrag zur Verringerung der Treibhausgasemissionen werden LCPs immer zentraler für den Übergang zu nachhaltigen und umweltfreundlichen Heiz- und Kühlsystemen. Kontinuierliche Innovation und Entwicklung auf dem Gebiet der Wärmepumpen versprechen, ihre Rolle in einer sauberen und nachhaltigen Energiezukunft weiter zu stärken.

ÜBER DEN AUTOR

Ich bin Maschinenbauingenieur und Forscher, spezialisiert auf dem Gebiet der erneuerbaren Energien und Energieeffizienztechnologien, mit einer besonderen Leidenschaft und Hingabe für Wärmepumpen (KWK). Meine Karriere hat sich durch eine Reihe von akademischen und beruflichen Erfahrungen entwickelt, die mich dazu gebracht haben, an mehreren innovativen Projekten im Energiesektor zu arbeiten.

Nach meinem Abschluss in Maschinenbau setzte ich mein Studium mit einer Promotion fort und konzentrierte mich dabei auf Anwendungen für erneuerbare Energien und die Entwicklung effizienter Heiz- und Kühlsysteme. Auf diesem Weg konnte ich mir fundierte technische Kenntnisse aneignen und zahlreiche wissenschaftliche Veröffentlichungen im Bereich Energieeffizienz und nachhaltige Technologien beisteuern.

Meine Berufserfahrung umfasst die Arbeit mit führenden Unternehmen im Energiesektor, wo ich an der Entwicklung und Optimierung von PdC-basierten Lösungen gearbeitet habe. Ich hatte auch die Gelegenheit, an internationalen Projekten teilzunehmen und mit Experten aus verschiedenen Ländern zusammenzuarbeiten, um die Einführung nachhaltiger Energietechnologien zu fördern und die Umweltbelastung zu verringern.

Meine Leidenschaft für die Umwelt und die Nachhaltigkeit hat mich dazu gebracht, mein Wissen und meine Erfahrung durch Lehre und Öffentlichkeitsarbeit weiterzugeben. Ich habe Universitätskurse und Fachseminare abgehalten und dabei immer versucht, die Bedeutung eines integrierten und innovativen Ansatzes im Energiebereich zu vermitteln.

Das Schreiben dieses Buches über Wärmepumpen und Energieentwicklung war für mich eine Möglichkeit, ein breiteres Publikum zu erreichen und mein Wissen und meine Vision von einer nachhaltigen Energiezukunft zu teilen. In dem Buch habe ich versucht, nicht nur die technischen Aspekte von Wärmepumpen zu erforschen, sondern auch ihre entscheidende Rolle für erneuerbare Energien und Energieeffizienz.

Ich hoffe, dass die Leser dieses Buch informativ und inspirierend finden und dass es als nützlicher Leitfaden dienen kann, um das Potenzial von Wärmepumpen im Kontext der Energiewende besser zu verstehen. Wenn Ihnen die Lektüre gefallen hat, wäre ich Ihnen dankbar, wenn Sie eine Rezension auf Amazon hinterlassen könnten. Ihr Feedback ist wertvoll für mich und wird anderen Lesern helfen, dieses Buch zu entdecken. Ich danke Ihnen für Ihre Unterstützung und Ihren Beitrag zur Verbreitung des Wissens über nachhaltige Energielösungen.